新时代
生态文明建设
理论与实践

THEORY AND PRACTICE OF
ECOLOGICAL CIVILIZATION CONSTRUCTION
IN THE NEW ERA

李 珍 龙其鑫 编著

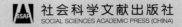

社会科学文献出版社
SOCIAL SCIENCES ACADEMIC PRESS (CHINA)

导　言

　　生态文明建设是关系中华民族永续发展的千年大计、根本大计，是实现中华民族伟大复兴的重要战略目标。人与自然是生命共同体，人类在开发利用自然的过程中，必须尊重自然、顺应自然和保护自然。党的十八大以来，以习近平同志为核心的党中央将"生态文明建设"纳入中国特色社会主义事业"五位一体"总体布局之中，将"美丽中国"作为建设社会主义现代化国家的目标之一，坚定贯彻新发展理念，不断深化生态文明体制改革，谋划开展了一系列根本性、开创性、长远性的工作，开创了生态文明建设的新境界和新局面。在 2018 年 5 月召开的全国生态环境保护大会上，党中央正式提出了习近平生态文明思想，为新时代我国的生态文明建设提供了根本遵循和行动指南。① 党的十九届五中全会通过的《中共中央关于制定国民经济和社会发展第十四个五年规划和二〇三五年远景目标的建议》提出，到 2035 年基本实现社会主义现代化的远景目标之一是，"广泛形成绿色生产生活方式，碳排放达峰后稳中有降，生态环境根本好转，美丽中国建设目标基本实现"②。党的二十大报告进一步提出"中国式现代化是人与自然和谐共生的现代化"③。随着生态文明建设在实践

---

① 参见中共中央宣传部、中华人民共和国生态环境部编《习近平生态文明思想学习纲要》，学习出版社、人民出版社，2022，第 1、9 页。

② 中共中央党史和文献研究院编《十九大以来重要文献选编》（中），中央文献出版社，2021，第 790 页。

③ 习近平：《高举中国特色社会主义伟大旗帜 为全面建设社会主义现代化国家而团结奋斗——在中国共产党第二十次全国代表大会上的报告》，人民出版社，2022，第 23 页。

层面的深入开展，对于"为什么建设生态文明""建设什么样的生态文明""怎样建设生态文明"等重大理论和实践问题的集中回答，推动生态文明建设和生态环境保护从实践到认识发生历史性、转折性和全局性变化，形成了习近平新时代中国特色社会主义思想重要组成部分的习近平生态文明思想，深刻阐释了新时代我国人与自然关系的新形势、新矛盾、新特征，是马克思主义自然观在当代中国的继承和发展。

本书围绕新时代中国特色社会主义生态文明建设这一主题，深入学习、研究、阐释党的十八大以来尤其是党的二十大报告中以习近平同志为核心的党中央提出的一系列关于生态文明建设的重大理论，深入系统地梳理阐释、概括提炼习近平生态文明思想的科学内涵、学理基础、理论体系、实践模式等，立足中国，放眼世界，推动形成人与自然和谐共生新格局，共建全球生态文明的理论体系、价值遵循和实践指导。笔者以"党的十八大以来"为重要时间节点，力求做到以下几个方面。首先，忠实于习近平生态文明思想，忠实于马克思恩格斯自然辩证法相关著作，忠实于党的十八大以来中国特色社会主义生态文明建设实践。其次，反映社会主义生态文明建设走向新时代的新态势，反映我国经济社会发展进入加快绿色化、低碳化高质量发展阶段的新路径，反映马克思主义理论蓬勃生机和旺盛活力。最后，构建以习近平生态文明思想为基石的理论体系和实践体系。

《新时代生态文明建设理论与实践》立足于《习近平关于社会主义生态文明建设论述摘编》《习近平生态文明思想学习纲要》《论坚持人与自然和谐共生》等文献，并结合习近平总书记关于生态文明建设的最新论述及新时代社会主义生态文明建设的实践模式，共分为七章。其中，第一章"新时代生态文明建设的理论体系"阐释了生态文明是人类社会历经原始文明、农业文明、工业文明发展至今的新形态，社会主义生态文明建设思想是马克思主义自然观与中华优秀传统文化中生态智慧相结合的产物，深刻回答了为什么建设生态文明、建设什么样的生态文明和怎样建设生态文明等重大理论和实践问题，形成了科学系统的新时代生态文明建设的理论体系。第二章"坚持绿色发展理念"立足于对习近平总书记"两山论"的理论阐释，展示新时代社会主义生态文明建设在国土空间开发布局和经济布局绿色化、产业结构和生产方式绿色化、生活方式和消费方式绿色化方面的积极探索。第三章"系统开展生态保护"阐释了新时代生态文明建设中的系统思维，包括生态文化体系、生态经济体系、目标责任体系、生态文明制度体系和生态安全体系，统筹山水林田湖草沙系统治理，统筹城乡规划建设，推动形成资源节约型社会。第四章"生态环境治理和保护理念"阐释了生态环境的治理和保护能力是中国特色社会主义制度及其优势的集中体现，包括重视关乎人民健康的生态环境问题，以"城市"和"乡村"两位一体的总体战略建设美丽中国，以及以社会主义的制度优势，推进全社会联动和协作的污染治理工程。第五章"生态文明的制度化建设"立足于新时代中国特色社会主义生态文明制度体系日趋完善的现实，论述完善生态文明的制度体系、构筑生态文明的法治基础、建立生态文明的绿色发展新秩序等方面的具体内容及其意义。第六章"生态环境保护的公共意识和行动"在明确生态文明建设纳入中国特色社会主义事业"五位一体"总体布局基础上，阐述让环境保护成为人民群众的良好风尚、让绿色生产消费成为社会事业及行动、让建设美丽中国成为全社会的共同事业等方面对生态文明建设的推进作用和积极意义。第七章"共同推进全球生态环境治理和保护"在习近平总书记关于共同推进全球生态环境治理的重要论述指导下，阐述中国特色社会主义生态文明建设是以中国基本国情为现实基础的生态文明建设，以及以此为出发点，为加强和完善全球环境保护和生态治理体系提供中国方案和中国智慧等内容及其意义。

　　本书的导言、前三章及统稿工作由中山大学李珍教授完成，第四章至第七章由中山大学龙其鑫老师完成，谢攀琳、齐康、蔡丽莉三位博士研究生负责了文稿的整理、校对工作。

目　　录

第一章
新时代生态文明建设的理论体系

党的十八大以来，习近平总书记着眼于人民群众的新期待，就生态文明建设作出了一系列重要论述，形成了系统完整的习近平生态文明思想，从理论和实践上系统解释了新时代生态文明建设的全景全貌，巩固和深化了人与自然和谐发展现代化新格局的政治宣言和行动指南。党的二十大报告进一步指出："人与自然是生命共同体，无止境地向自然索取甚至破坏自然必然会遭到大自然的报复。我们坚持可持续发展，坚持节约优先、保护优先、自然恢复为主的方针，像保护眼睛一样保护自然和生态环境，坚定不移走生产发展、生活富裕、生态良好的文明发展道路，实现中华民族永续发展。"① 习近平主席在《生物多样性公约》第十五次缔约方大会领导人峰会上发表主旨讲话指出，"以生态文明建设为引领，协调人与自然关系。我们要解决好工业文明带来的矛盾，把人类活动限制在生态环境能够承受的限度内，对山水林田湖草沙进行一体化保护和系统治理"②。这一重要论述是党的十九大后习近平总书记对生态文明建设的历史方位、发展阶段、发展态势、核心要义所作出的重要阐述。

---

① 习近平：《高举中国特色社会主义伟大旗帜 为全面建设社会主义现代化国家而团结奋斗——在中国共产党第二十次全国代表大会上的报告》，人民出版社，2022，第 23 页。
② 《习近平谈治国理政》第 4 卷，外文出版社，2022，第 436 页。

第一节　生态文明是人类文明发展的历史趋势

生态文明既是人类社会发展的产物，也是人类社会发展的新要求。人类经历了原始文明、农业文明、工业文明三个阶段，工业文明虽然创造了巨大的物质财富，但也带来了严重的环境破坏。当今时代，全球生态面临巨大的风险挑战，人类文明正在经历一次深刻变革，向生态文明阶段转变既是必然趋势也是必然要求，以生态文明为特色的生产方式和产业结构正蓬勃发展。

一　人类文明形态的历史演进

"文明"与"蒙昧""野蛮"相对，是人类社会发展中的进步状态，是人类社会发展到高级阶段的产物。人类文明形态的演进从根本上是由生产力和生产关系的矛盾运动规律所支配的。基于生产方式的基本特征，人类文明形态经历了原始文明、农业文明和工业文明三个阶段。

在原始文明阶段，人类利用自然的能力低下，生存完全依赖于大自然的赐予或直接将自然物作为生活资料，狩猎采摘是最重要的生产劳动，人类利用"堆木造火、钻燧取火"的方法，运用石器、弓箭等谋生工具逐渐告别了茹毛饮血的时代。在蒙昧的原始文明阶段，人与自然没有分明的界限，人与动物在生存方式上也没有本质区别。正如马克思所概述的："动物实际生活中表现出来的唯一的平等，是特定种的动物和同种的其他动物之间的平等；这是特定的种本身的平等，但不是类的平等。动物的类本身只在不同种动物的敌对关系中表现出来，这些不同种的动物在相互的斗争中显露出各自特殊的不同特性。自然界在猛兽的胃里为不同种的动物准备了一个结合的场所、彻底融合的熔炉和互相联系的器官。"[①] 经过与自然界艰苦卓

---

① 《马克思恩格斯全集》第 1 卷，人民出版社，1995，第 248 ~ 249 页。

绝的斗争，人类逐渐把自身从自然界中分离出来，与动物区分开来，"明于天人之分"，开启了人类文明新征程。但整体而言，原始文明阶段的人类只是被动地适应自然、盲目地崇拜自然，处处受到自然界的束缚。从另一方面来说，人类对自然界没有造成任何实质性的破坏。

在农业文明阶段，人类主要的生产活动是农耕和畜牧，青铜器、陶器、铁器的使用，特别是铁器农具"犁"的使用使人类生产活动从被动转向主动，从而推进了生产力的发展。恩格斯就此指出："一切文明民族都在这个时期经历了自己的英雄时代：铁剑时代，但同时也是铁犁和铁斧的时代。铁已在为人类服务，它是在历史上起过革命作用的各种原料中最后的和最重要的一种原料。"① "从铁矿石的冶炼开始，并由于拼音文字的发明及其应用于文献记录而过渡到文明时代。"② 但与此同时，人类为了自身的生存和发展，开启了对自然界自觉或不自觉的征服与改造。自然界也开始报复人类，旱灾、涝灾等自然灾害频发，但这些报复还未从根本上危及人类的生存与发展。

18 世纪 80 年代，以珍妮纺纱机和瓦特蒸汽机的发明和广泛使用为标志的英国工业革命开启了机器大生产的生活方式，人类进入工业文明阶段。在人类历史上，原始文明阶段的摩擦取火是把机械运动转化为热，而蒸汽机的发明和使用把热又转化成了机械运动，这是人类认识和利用自然力的巨大变革，是生产方式进入机械化时代的标志。基于此，恩格斯指出，"蒸汽机是第一个真正国际性的发明"③。资产阶级以机器制造为基础，将机器大工业扩展到采矿业、能源和原材料生产业、石油和石油化工业、冶金和金属加工业、汽车飞机制造等交通

---

① 《马克思恩格斯文集》第 4 卷，人民出版社，2009，第 182 页。
② 《马克思恩格斯文集》第 4 卷，人民出版社，2009，第 37 页。
③ 《马克思恩格斯全集》第 26 卷，人民出版社，2014，第 672 页。

运输业、建筑业、医疗和服务业等，使人类进入了机械化、自动化、电气化和现代化时代，创造了巨大的物质财富，"产生了以往人类历史上任何一个时代都不能想象的工业和科学的力量"[①]。

但正如马克思所指出的："资本主义生产一方面神奇地发展了社会的生产力，但是另一方面，也表现出它同自己所产生的社会生产力本身是不相容的。它的历史今后只是对抗、危机、冲突和灾难的历史。"[②] 20 世纪 30 ~ 60 年代，震惊世界的环境污染事件频发，致使许多人非正常患病、残废、死亡的群体公害事件不断出现，其中最严重的是 8 起污染事件，人们称之为"八大公害"。例如，1952 年 12 月发生的英国伦敦烟雾事件，英国伦敦因冬季燃煤产生煤烟形成烟雾而导致 5 天时间内 4000 多人死亡。1953 ~ 1968 年，在日本熊本县水俣湾，由于人们食用了海湾中含汞污水污染的鱼虾、贝类及其他水生动物，近万人患上中枢神经疾病，其中 283 个甲基汞中毒患者中有 66 人死亡。

300 多年来，工业文明阶段在物质财富生产方面超越了以往任何阶段，生产力诸要素发生了革命性变革，工业化社会就像一台巨大的机器，日夜不停地生产出大量物质财富，但造成了人与自然关系的恶化。近半个世纪以来，西方发达国家投入巨大人力物力寻求解决办法，以期应对环境挑战并实现可持续消费与生产，并通过将低端产业转移到发展中国家的方式改善自己国家的环境。例如，通过垃圾的跨境转移，把处理成本极高和不能彻底处理的固体废弃物转移到发展中国家，在自己享受优美环境的同时把环境灾难留给了他人，这是一种以"部分人类中心主义"为准则的西方世界的文明形态，与人类整体文明的发展格格不入，并且收效甚微。当今时代，人类正在逼近环境恶化的"引爆点"，环境污染和

---

① 《马克思恩格斯文集》第 2 卷，人民出版社，2009，第 579 页。
② 《马克思恩格斯全集》第 25 卷，人民出版社，2001，第 471 页。

生态破坏已经不再是局域性问题，酸雨、物种灭绝、臭氧层破坏、土地沙漠化、海洋污染、森林污染、土壤腐蚀等全球性环境问题频发，严重威胁着全人类的生存和发展。由此可见，以追求利益最大化为目的的"部分人类中心主义"是行不通的，只管西半球、不管东半球，只管北半球、不管南半球，这是不公正不道义的。习近平总书记深刻指出："很多国家，包括一些发达国家，在发展过程中把生态环境破坏了，搞起一堆东西，最后一看都是一些破坏性的东西。再补回去，成本比当初创造的财富还要多。"① 要解决这一矛盾，克服全球性生态危机，实现永续发展，就必须抓好生态文明建设。

纵观人类文明形态的历史演进，每一次生产方式的变革都伴随着文明更替、历史交融和自然转换。习近平总书记深刻指出："历史地看，生态兴则文明兴，生态衰则文明衰。"② 人类历史多次发生类似的事件。恩格斯在《自然辩证法》中指出："我们不要过分陶醉于我们人类对自然界的胜利。对于每一次这样的胜利，自然界都对我们进行报复。……美索不达米亚、希腊、小亚细亚以及其他各地的居民，为了得到耕地，毁灭了森林，但是他们做梦也想不到，这些地方今天竟因此而成为不毛之地。"③ 两河文明的消失是多方面因素共同作用的结果。其中，生态考古学发现，过度的农业开发恶化了两河流域先天不足的生态环境，这是两河文明被沙尘掩埋的重要原因之一。历史的教训值得深思。当代环境污染、能源危机威胁着全人类的生存，中华民族具有五千多年连绵不绝的文明历史，如何遵循文明和生态的历史规律，大力推进生态文明建设，是关系经济社会可持续发展、关系民生福祉和中华民族未来的全局性、战略性、根本性问题。

---

① 中共中央文献研究室编《习近平关于社会主义生态文明建设论述摘编》，中央文献出版社，第 3 页。
② 习近平：《论坚持人与自然和谐共生》，中央文献出版社，2022，第 29 页。
③ 《马克思恩格斯全集》第 26 卷，人民出版社，2014，第 769 页。

二 社会主义生态文明的科学内涵

近年来，在全球气候变化异常、生态危机严峻的大背景下，我国的环境质量也不容乐观，土地沙化、草原退化、特大洪涝灾害频发，空气污染、土地污染持续增多，我国已经进入环境问题的多发期和矛盾期，环境破坏、资源浪费和短缺成了我国环境保护的难题。从资源上讲，我国虽然地大物博，但资源相对于庞大的人口而言是匮乏的。近年来我国经济快速增长，在产业发展和扩大的同时，对物质资源的需求和消耗也在增大，但我国的产业结构仍以制造业为主，产业层次低、产能过剩，目前要加强生态文明建设，就需要从工业文明阶段向生态文明阶段转变，推动产业生态化，开创绿色可持续的发展模式。当前受到国内外环境的影响，我国的传统经济发展模式迫切要求加快发展方式的转变和加速经济结构的调整。加快生态文明建设，由工业文明阶段向生态文明阶段转变，推动绿色产业化和生态产业化的发展模式已经成为我国的必然选择。过去数百年间，西方发达国家在工业化进程中消耗了世界60%的能源和40%的矿产资源，如果我国走西方工业化的道路，面临的将是资源不充足问题，且会造成更为严重的环境污染，因此，我们要牢固树立社会主义生态文明观，推动形成人与自然和谐发展的现代化建设新格局。

建设生态文明是统筹推进"五位一体"总体布局的重要内容，建设生态文明是协调推进"四个全面"战略布局的重要内容，建设生态文明是实现中华民族伟大复兴中国梦的重要内容，建设生态文明是建成富强民主文明和谐美丽的社会主义现代化强国的重要内容。可以说，"五位一体"总体布局回答了怎样认识社会主义生态文明建设的问题，凸显了生态文明建设的战略地位；"四个全面"战略布局回答了怎样建设生态文明的问题，凸显了生态文明建设的战略举措；"中国梦"伟大愿景回答了为什么建设生态文明的问题，凸显了生态文明建设的历史使命；建成富强民主文明和谐美丽的社会主义现代化强国回答了社会主义生态文明建设的伟大目标，凸显了生态文明建设在社会主义现代化建设总目标中的应有地位。

党的十八大报告首次将生态文明建设纳入中国特色社会主义事业"五位一体"总体布局，对生态文明理念作出科学的概括，明确了生态文明建设的目标，努力走向社会主义生态文明新阶段，指明了建设生态文明的现实路径，生态文明建设是贯穿于经济建设、政治建设、文化建设、社会建设全过程和各方面的系统工程，这是中国共产党执政兴国理念的重要升华，是中国特色社会主义事业总体布局顶层设计的科学完善，意义重大而深远。习近平总书记指出："党的十八大把生态文明建设纳入中国特色社会主义事业五位一体总体布局，明确提出大力推进生态文明建设，努力建设美丽中国，实现中华民族永续发展。这标志着我们对中国特色社会主义规律认识的进一步深化，表明了我们加强生态文明建设的坚定意志和坚强决心。"①

社会主义生态文明源于社会主义经济建设、政治建设、文化建设、社会建设，与生态文明建设本身就具有内在一致性，社会主义遵循人与自然和社会之间和谐发展的规律。正如马克思所说："这种共产主义，作为完成了的自然主义，等于人道主义，而作为完成了的人道主义，等于自然主义，它是人和自然界之间、人和人之间的矛盾的真正解决，是存在和本质、对象化和自我确证、自由和必然、个体和类之间的斗争的真正解决。"② 社会主义对资本主义的超越在于，它代表了全体人民的共同利益，而不是任何一个利益集团的利益。社会主义超越了任何具体利益、眼前利益和局部利益，为了人

---

① 《习近平谈治国理政》，外文出版社，2014，第 208 页。
② 《马克思恩格斯文集》第 1 卷，人民出版社，2009，第 185 页。

类文明发展的长远目标而奋斗。当前我国社会主要矛盾是人民日益增长的美好生活需要和不平衡不充分的发展之间的矛盾，经济社会发展与资源环境压力之间的矛盾愈发突出。因此，把生态文明建设纳入"五位一体"总体布局，是对解决社会主要矛盾的战略考量。改革开放以来，以经济建设为中心的战略推动了我国经济的飞速发展，虽然我们一直强调环境保护工作和可持续发展，但一些领域没有处理好经济社会发展和生态环境保护之间的关系，以资源消耗和环境破坏为代价换取经济社会发展，导致资源短缺、生态环境问题愈发严峻，对经济可持续发展造成严重影响。中国作为发展中国家，不走欧美国家"先污染后治理"的老路，而是整体推进社会主义经济建设、政治建设、文化建设、社会建设和生态文明建设，并在整体推进中突出社会主义生态文明建设的重要地位，坚定不移地推进社会主义物质文明、政治文明、精神文明、社会文明和生态文明的协调发展。

"四个全面"战略布局是以习近平同志为核心的党中央在新形势下治国理政的总方略，生态文明建设是在这个总方略统领下党中央治国理政的一个重要举措。习近平总书记在庆祝中国共产党成立100周年大会上庄严宣告："经过全党全国各族人民持续奋斗，我们实现了第一个百年奋斗目标，在中华大地上全面建成了小康社会，历史性地解决了绝对贫困问题，正在意气风发向着全面建成社会主义现代化强国的第二个百年奋斗目标迈进。"[①] 推进绿色发展，建设生态文明是全面建设社会主义现代化国家的关键，良好的生态环境既是全面建设社会主义现代化国家的题中应有之义，又是全面建设社会主义现代化国家的必要条件，对于增进民生福祉具有关键作用和根本意义。全面依法治国为扎实推进生态文明建设提供可靠保障，协

---

① 习近平：《在庆祝中国共产党成立100周年大会上的讲话》，人民出版社，2021，第2页。

调绿色发展、建设生态文明必须以完善的法律制度为保障，以严格的执法措施来推进。全面从严治党为扎实推进生态文明建设提供根本保证，党的领导是中国特色社会主义制度最本质的特征、最大的优势，把党的领导贯彻到社会主义生态文明建设的全过程和各方面，既是我国社会主义生态文明建设和改革实践的一条基本经验，也是全面推进依法治理生态环境的题中应有之义。

推进绿色发展，建设生态文明是全面建设社会主义现代化国家、实现中国梦的时代抉择。正如习近平总书记所指出的："尊重自然、顺应自然、保护自然，是全面建设社会主义现代化国家的内在要求。"① 生态文明建设关系民生福祉、关乎民族未来，事关建设社会主义现代化国家和中华民族伟大复兴中国梦的实现，具有重要的历史意义和现实价值。建设美丽中国不仅要建设美丽城市，而且要建设美丽乡村，这既是实现中国梦的内在要求和内在条件，也是建设社会主义现代化国家的关键考量。

第二节　社会主义生态文明建设的学理基础

生态文明理念的核心在于人与自然关系的和谐。中华优秀传统文化中的生态智慧为社会主义生态文明建设思想提供了土壤，深刻影响着社会主义生态文明建设思想的形成和发展。与此同时，社会主义生态文明建设思想是马克思主义自然观与中国特色社会主义实践相结合的产物，是马克思主义自然观的中国化。

一　中华优秀传统文化中的生态文明思想

习近平主席 2014 年 4 月 1 日在布鲁日欧洲学院演讲时指出：

---

① 习近平：《高举中国特色社会主义伟大旗帜 为全面建设社会主义现代化国家而团结奋斗——在中国共产党第二十次全国代表大会上的报告》，人民出版社，2022，第 49 页。

"2000 多年前，中国就出现了诸子百家的盛况，老子、孔子、墨子等思想家上究天文、下穷地理，广泛探讨人与人、人与社会、人与自然关系的真谛，提出了博大精深的思想体系。"① 美国环境伦理学家霍尔姆斯·罗尔斯顿也认为："西方人也许应该到东方去寻求人与自然协调发展的模式。"② 中国五千多年悠久的文化蕴含着丰富的生态文明思想理念，虽然中华文化内容是多元的丰富的，儒释道不同学派看待生态的角度也不尽相同，但都体现出人与自然和谐相处的核心价值，这是中华优秀传统文化思想的精髓，既为我们今天的生态文明观念提供了深厚的文化基础，也对社会主义生态文明建设具有重要的意义。

不朽经典名著《易经》既体现了中国传统哲学智慧，也体现了古代中国的生态智慧。首先，它将宇宙的和谐与人类精神中的道德张力相联系，阐释了人与自然相统一的生态理念。其次，它表达了关爱自然、反对破坏自然资源的思想。最后，它从生态和谐的视角擘画了一幅人类社会蓝图。

儒家的"天人合一"思想将人道与天道贯通一体，把人类社会放在自然的大环境中，认为人是自然的一部分，人类社会的秩序应该与宇宙万物的秩序相一致，人的道德也应与自然的道德相协调，人与天的关系是密不可分的，人的活动也不能违背自然的规律。儒家把人与人类社会放在了宇宙这个系统中去整体考虑，认为自然孕育了人类，人与世界万物是相互联系、相互依存的一个有机和谐的整体。儒家把"天人合一"作为一种人生追求的境界，认为人追求的是"与天地参""辅相天地之宜"，追求的是人与自然天地的和谐相处。因此，儒家主

① 习近平：《出席第三届核安全峰会并访问欧洲四国和联合国教科文组织总部、欧盟总部时的演讲》，人民出版社，2014，第 41~42 页。
② 〔美〕霍尔姆斯·罗尔斯顿：《环境伦理学——大自然的价值以及人对大自然的义务》，杨通进译，许广明校，中国社会科学出版社，2000，第 7 页。

张的是"天人合一"的生态自然观和尊重生命的生命伦理观，秉持的是中庸之道，这对我国之后的生态观具有深远的影响。面对当前日益严重的生态问题，儒家的"天人合一"思想中的自然与人类社会和谐理念更具启迪意义。

道家把自然看作一个相互联系的有机整体，老子认为，人与世界万物是由"道"产生的，"道"是天地万物的本原，"道生一，一生二，二生三，三生万物，万物负阴而抱阳，冲气以为和"（《道德经》第四十二章）。道家认为"一"是天地万物的基础，"一"是由道所生，所以"道"是天地万物的本原，世界上的一切事物都是由"道"产生并按照"道"的规律发展的。"道"生万物体现了自然界是一个有机的生命体，是不可分离的。人源于自然界，是自然界的一部分，"人法地，地法天，天法道，道法自然"（《道德经》第二十五章）。人道是属于天道的，自然是人类的主导，"人""地""天"之间相互联系，共同构成宇宙。道家认为宇宙万物皆有超越人主观意志的运行规律，人道必须顺应天道，道是天地万物生成的总动力。道的法则就是自然，超越了人的主观目的。道的法则就是自然而然地任由事物自然生长，就人道顺应天道而言，人不应该随心所欲地凌驾于自然万物之上，也就是说人的行为是要遵循自然界的规律的，人应该与自然和谐相处。道家对自然之道的尊重的生态意识对于现代的启示在于，人类不应该占有自然，过分干扰自然万物的秩序，而应该尊重自然的规律，人的价值要在自然中体现。

佛教也从因缘和合的角度，提出了"依正不二"的观念，阐述了人与环境是有机统一体的思想。"依"是指"依报"，即人所生存的环境。"正"是指"正报"，即人的生命本身。"不二"是指人自身与所生存的环境及各种生命体是相互联系、相互依存的。佛教尊重生命与自然，将生命主体与生态环境视为一个整体，认为众生平等，一切生命都是自然的组成部分，彼此之间相互依存。不能把事物看作孤立的、不与其他事物相联系的存在。佛教非常重视对整体的把握，认为天地同根，万物一体，整个宇宙自然都是一个集合体，基于整体论的认识，推动人类意识到人与自然相互依存、密不可分的关系。因此，保护自然环境就是保护人的生命，人们必须维护生态环境的稳定性。

中华优秀传统文化蕴含着重要的绿色发展理念。人与自然有机统一的"万物一体"观和人与自然平等的和谐观，认为万物与人类具有同等的内在价值，但这并不意味着人类不能合理地利用万物，而是说要以遵循自然规律为前提，正确处理经济社会发展和生态环境保护的关系，坚决摒弃损害甚至破坏生态环境的发展模式。首先，不要过度夺取万物，必须适度平衡。孔子说"子钓而不纲，弋不射宿"（《论语·述而第七》），即是让我们不要过度捕鱼、狩猎。孟子说"斧斤以时入山林"（《孟子·梁惠王章句上》），即是让我们不要乱砍滥伐，要有章法，适可而止。道家的《黄帝阴符经》也说："天生天杀，道之理也。天地，万物之盗；万物，人之盗；人，万物之盗。三盗既宜，三才既安。"天地、万物和人三者之间相互为盗，互相成全，有机循环，只有平衡协调，才能可持续发展。现代社会对自然资源的肆意掠夺，造成了环境污染严重、生态失衡、水土流失、台风频发、气候变化、旱涝灾害、酸雨袭击等，这正是因为没有处理好这种平衡关系。其次，要保护各种自然资源。如儒家提出"恩至于土""恩至于水""泽及草木""德及深泉""德至禽兽"等，体现了儒家对自然的仁爱态度。佛教在戒杀护生等方面强调因果报应，善行得善报，恶行受恶报。道家也将保护生存环境纳入戒律伦理的范畴，如《老君说一百八十戒》中的第十四条说"不得烧野田山林"，第十八条说"不得妄伐树木"，第三十六条说"不得以毒药投渊池江海中"，第四十七条说"不得妄凿地、毁山川",第五十三条说"不得竭水泽",第一百零一条说"不得塞池井"。《太平经》中说:"泉者,地之血,石者,地之骨也;良土,地之肉也……地者,万物之母也……妄穿凿其母而求其生,其母病之也。"

中华优秀传统文化崇尚绿色生活方式。第一,戒贪。纵观人类社会的发展历程就能发现,生态环境恶化的原因主要在于人类对自然的过度索取。老子说:"祸莫大于不知足,咎莫大于欲得,故知足之足,常足矣。"(《道德经》第四十六章)也就是说,一切祸患都来自欲望,过度奢靡的物质追求会导致人格道德的沦丧。道家自古以来提倡"返朴"的生活方式,老子说"见素抱朴,少私寡欲"(《道德经》第十九章),即告诫人们不能被欲望所驱使,对待物质财富要淡泊宁静。老子认为只有在清静无欲的状态下,人的生命境界才能实现提升和超越,而沉迷于感官享受会使人迷失自我,堕落为一种不能自主的存在,从而使生命失去应有的价值。第二,戒奢。儒家推崇节俭,宣扬"节用而爱人",要求人们节制自己的生活欲望,约束自己的消费行为,反对奢侈靡费的生活方式,提倡朴素节俭的生活方式。孔子说:"中人之情,有余则侈,不足则俭,无禁则淫,无度则失,纵欲则败。饮食有量、衣服有节、宫室有度、畜聚有数、车器有限,以防乱之源也。"[1] 儒家倡导以节俭守礼来规范人们的生活,认为这样可以使人们的心灵不被物欲所捆绑,有利于建立节约适度、绿色低碳、文明健康的生活方式和消费模式。

二　马克思主义自然观

马克思主义自然观是当代中国生态文明建设赖以开展的重要思

---

[1]　(汉)董仲舒:《春秋繁露义证》,中华书局,1992,第 228 页。

想资源。虽然马克思与恩格斯对生态问题并未作出系统的研究，但在深入研究马克思主义经典著作时就不难发现马克思与恩格斯在揭示社会发展的本质及资本主义的发展危机时，也包含着许多关于生态的思想，马克思与恩格斯的生态文明思想虽是零散地存在于各个经典著作中，但他们的生态观点仍超越时代的局限性，从根本上实现了对人与自然关系切实而辩证的把握，对于我们的社会主义生态文明建设具有重要的理论指导意义。

第一，人与自然是相互依存、相互联系、和谐共生的整体，人与自然的关系构成人类社会最基本的关系。一方面，自然是人的无机身体，自然为人的生存、生活、生产提供基本的物质基础与条件；另一方面，人与自然在实践活动中构成一个有机整体，人赋予自然具体的存在形态与历史性。

首先，人是自然界的一部分，人类本身就是自然的产物，没有自然界人也无法存在。马克思主义认为，自然是先于人和人类社会存在的，自然万物的存在是人类存在的基础和母体。恩格斯在《自然辩证法》中说过："我们决不像征服者统治异族人那样支配自然界，决不像站在自然界之外的人似的去支配自然界——相反，我们连同我们的肉、血和头脑都是属于自然界和存在于自然界之中的。"① 这说明自然界是人类生存和发展的基础。"整个所谓世界历史不外是人通过人的劳动而诞生的过程，是自然界对人来说的生成过程，所以关于他通过自身而诞生、关于他的形成过程，他有直观的、无可辩驳的证明。"② 这说明自然界的形成既不是依靠神的创作，也不是依赖于人的主观意志。自然界与人类社会的形成和发展都是自然历史的客观过程，人类的出现与进化也是自然发展的产物。自然界具有独立于人的意识的客观性，遵循自己的客观规律。虽然有自

---

① 《马克思恩格斯选集》第 3 卷，人民出版社，2012，第 998 页。
② 《马克思恩格斯文集》第 1 卷，人民出版社，2009，第 196 页。

觉意识的人能够通过认识和实践改造自然，但这并不表明自然界的存在依赖于人的认识和实践。

其次，自然是人类生存发展的基础物质条件，自然为人类提供了充足的物质生产材料，人们通过认识自然而去改造自然，"自然界，就它自身不是人的身体而言，是人的无机的身体。人靠自然界生活。这就是说，自然界是人为了不致死亡而必须与之处于持续不断的交互作用过程的、人的身体。所谓人的肉体生活和精神生活同自然界相联系，不外是说自然界同自身相联系，因为人是自然界的一部分"①。"生产的原始条件表现为自然前提，即生产者的自然生存条件，正如他的活的躯体一样，尽管他再生产并发展这种躯体，但最初不是由他本身创造的，而是他本身的前提。"② 自然不仅是人类物质生产与发展的基础，还在理论上构成了人类精神生活的无机界。"从理论领域来说，植物、动物、石头、空气、光等等，一方面作为自然科学的对象，一方面作为艺术的对象，都是人的意识的一部分，是人的精神的无机界，是人必须事先进行加工以便享用和消化的精神食粮。"③

第二，人与自然的联系在于人的劳动。在《1844 年经济学哲学手稿》中，马克思第一次把实践理解为改造外部自然界的对象性活动，即生产劳动，人根据自身的需要，在不断改造和创造对象世界的劳动过程中让自然界表现为劳动的对象，表现为人类的生活的对象化。"劳动是一切财富的源泉。其实，劳动和自然界在一起才是一切财富的源泉，自然界为劳动提供材料，劳动把材料转变为财富。"④ 马克思把自然界和劳动一起看作一切财富的源泉，认为只有两者的结合才能创造财富。自然界不会直接地创造出满足人类需求的所有物质条件，

---

① 《马克思恩格斯文集》第 1 卷，人民出版社，2009，第 161 页。
② 《马克思恩格斯文集》第 8 卷，人民出版社，2009，第 139 页。
③ 《马克思恩格斯文集》第 1 卷，人民出版社，2009，第 161 页。
④ 《马克思恩格斯文集》第 9 卷，人民出版社，2009，第 550 页。

人类为了自身的生存与发展必须通过劳动去改造自然，创造出自然界既不现存也不自然产生的物品。区别于动物对自然界的改造，人类的劳动是在人类的社会形式中才能进行的，人作为能动的自然存在物，社会关系中的规范对人类的劳动作出了约束。

"实践实现了人与自然的辩证统一"①，而人的生产实践的形式就是劳动，人的生产劳动就在于，人根据自身的需要和目的，不断地去改造自然，其中自然界为人劳动的对象，而物质生产实践对人类社会的形成与发展起着决定性的作用，并在一定意义上区别了人与其他动物。通过劳动搭建起了人与自然的最根本的联系，"劳动创造了人本身"② 也意味着劳动是人与自然相互作用的中介，在劳动中人的主观能动性与自然的客观规律达到了统一，劳动使人与自然结合起来。

第三，生态文明发展的根本出路就是变革资本主义制度。在马克思与恩格斯看来，社会制度的不同会导致人与人的关系以及人与自然的关系不同。在资本主义制度中，资本主义生产的主要目的就是获取资本的最大价值，这必然会导致在工业化生产过程中对自然的利用的无限扩大。资本主义的生产方式导致了人与自然关系的异化，人与自然产生的冲突与矛盾造成了严重的生态危机。

马克思认为："资本主义生产使它汇集在各大中心的城市人口越来越占优势，这样一来，它一方面聚集着社会的历史动力，另一方面又破坏着人和土地之间的物质变换，也就是使人以衣食形式消费掉的土地的组成部分不能回归土地，从而破坏土地持久肥力的永恒的自然条件。这样，它同时就破坏城市工人的身体健康和农村工人的精神生活。但是资本主义生产通过破坏这种物质变换的纯粹自发形成的状况，同时强制地把这种物质变换作为调节社会生产的规律，

---

① 庄忠正、陆君瑶：《马克思主义生态思想的逻辑构建——基于〈德意志意识形态〉的考察》，《思想教育研究》2021 年第 6 期。

② 《马克思恩格斯文集》第 9 卷，人民出版社，2009，第 550 页。

并在一种同人的充分发展相适合的形式上系统地建立起来。"① 同时，马克思又指出："资本主义农业的任何进步，都不仅是掠夺劳动者的技巧的进步，而且是掠夺土地的技巧的进步，在一定时期内提高土地肥力的任何进步，同时也是破坏土地肥力持久源泉的进步。"② "自然力作为劳动过程的因素，只有借助机器才能占有，并且只有机器的主人才能占有。"③ 这就深刻揭示了资本主义经济的发展与进步是以破坏自然，特别是破坏土地为代价的，而造成人与自然关系对立的根本原因就是资本主义制度。

因此，马克思与恩格斯认为要想实现人与自然的和谐发展就必须变革资本主义制度，共产主义社会才是对私有制度的抛弃，才能实现人与自然的和谐发展。马克思明确指出："这种共产主义，作为完成了的自然主义，等于人道主义，而作为完成了的人道主义，等于自然主义，它是人和自然界之间、人和人之间的矛盾的真正解决，是存在和本质、对象化和自我确证、自由和必然、个体和类之间的斗争的真正解决。"④ 在共产主义社会中，人与自然的关系将会出现新的形式，人类社会的物质生产力会得到高度发展，其也会发展成为一个充分尊重自然环境和规律的生态文明社会。

第三节　新时代生态文明建设的内涵、
动力和战略体系

党的十八大以来生态文明就被放在全党全国高度重视的突出位置，习近平总书记提出了一系列的重要观点和思想，把生态文

① 《马克思恩格斯文集》第 5 卷，人民出版社，2009，第 578～579 页。
② 《马克思恩格斯文集》第 5 卷，人民出版社，2009，第 579 页。
③ 《马克思恩格斯文集》第 8 卷，人民出版社，2009，第 356 页。
④ 《马克思恩格斯文集》第 1 卷，人民出版社，2009，第 185 页。

明建设提升到前所未有的高度。"习近平新时代中国特色社会主义思想，是当代中国马克思主义、二十一世纪马克思主义，是中华文化和中国精神的时代精华，实现了马克思主义中国化时代化新的飞跃，必须长期坚持并不断发展。"① 习近平总书记传承中华优秀传统文化和马克思主义理论，顺应时代发展趋势和人民对美好生活的向往，着眼于中国国情，深刻回答了为什么建设生态文明、建设什么样的生态文明和怎样建设生态文明等重大理论和实践问题，形成了科学系统的新时代生态文明建设的理论体系。

一 "为什么建设生态文明"的动力体系

走可持续发展之路的发展观决定了必须建设生态文明。近年来，我国雾霾天气、土壤污染等问题集中暴露，社会反应强烈。因此，我们要清醒认识到保护生态环境、治理环境污染的紧迫性和艰巨性，清醒认识到加强生态文明建设的重要性和必要性。解决生态问题的关键在于解决粗放发展问题。"如果仍是粗放发展，即使实现了国内生产总值翻一番的目标，那污染又会是一种什么情况？届时资源环境恐怕完全承载不了。"② 因而，我们绝不能走过去西方工业化发展的对自然剥削的道路，绝不能以牺牲生态环境为代价来换取经济效益。要将生态文明建设理念深刻融入经济发展建设之中，保证经济发展与生态保护的辩证统一。

以人民为中心的群众观决定了必须建设生态文明。生态文明建设关系民生福祉、关乎民族未来。建设生态文明是一项民生工程，是关乎老百姓幸福之事，是经济问题更是政治问题，生态文明既是

---

① 中共中央宣传部编《习近平新时代中国特色社会主义思想学习纲要（2023 年版）》，学习出版社、人民出版社，2023，第 1~2 页。
② 中共中央文献研究室编《习近平关于社会主义生态文明建设论述摘编》，中央文献出版社，2017，第 5 页。

人类社会发展进步的重要成果，也是中国特色社会主义建设的必由之路。良好生态环境是最普惠最公平的民生福祉，保护生态环境是以人民为中心发展理念的体现。

以生命共同体构建为目标的价值观决定了必须建设生态文明。人与自然应是和谐共生的关系，人与自然是生命共同体，自古以来我国就有尊重自然、顺应自然的生态文明理念，坚持节约优先的社会美德。以生命共同体理念为核心的习近平生态文明思想是对人类中心论和生态中心论的双重超越。人类中心论和生态中心论是两种代表性的生态伦理思想，人类中心论将人类作为世界的中心与主宰，只承认自然的工具价值，否认自然的内在价值，因而人类对于自然界只有权利而没有责任和义务，生态中心论反对将人类作为唯一的价值尺度，承认自然本身具有内在价值，主张建立一个以生态为尺度的伦理道德体系。

不断推进人类命运共同体建设的全球观决定了必须建设生态文明。生命共同体概念阐释了人与自然和谐共生的关系，生态环境的系统性和整体性决定了生态文明建设必须突破工业文明阶段以个体、群体或国家为利益主体，而将全人类作为不可分割的维护生态系统和代际公平的行动主体。因此，生态文明建设必须在人类命运共同体理念下，立足于全球，着眼于全人类的共同发展与长远发展。在马克思主义自然观中，人与自然的关系同时也是人与人之间的关系，马克思在考察人与自然关系时指出："人们对自然界的狭隘的关系制约着他们之间的狭隘的关系，而他们之间的狭隘的关系又制约着他们对自然界的狭隘的关系。"[①] 脱离人与人的关系、人与社会的关系去解决人与自然的关系是天方夜谭。在当代，当严峻的生态环境问题威胁全人类的生存时，只有将全人

① 《马克思恩格斯全集》第 3 卷，人民出版社，1960，第 35 页。

类作为"集体主体",消除国界之分、人种之别,共同平等地享有地球资源,合力保护人类赖以生存的生态环境,才能解决生态危机。习近平总书记对此作出深刻诠释,当人们"真正认识到生态问题无边界,认识到人类只有一个地球,地球是我们的共同家园,保护环境是全人类的共同责任,生态建设成为自觉行动,这是认识的第三阶段"①。

二 "建设什么样的生态文明"的内涵体系

2003 年 6 月 25 日发布的《中共中央 国务院关于加快林业发展的决定》,第一次把"生态文明"概念写入中共中央和国务院下发的正式文件。从广义角度看,生态文明是一种社会形态,人类经历了原始文明、农业文明、工业文明三个阶段后,已经进入了生态文明的阶段,这是顺应人类历史发展趋势所进入的新的阶段。生态文明是对工业文明的扬弃,是继工业文明后的新的发展阶段,由于工业文明对生态环境的破坏,人类的生存受到威胁后开始反思人与自然之间的关系。

从狭义角度看,生态文明是社会文明的一个方面,它与物质文明、政治文明和精神文明是并列关系,四者共同构成了社会文明系统,其中,物质文明是基础的物质保障,政治文明是维护社会和谐的保障,精神文明是提供文化的支持。狭义的生态文明要求人类用文明和理智的态度对待自然,生态文明要实现与经济、社会的良性循环与发展。"生态文明,是指人类遵循人、自然、社会和谐发展这一客观规律而取得的物质与精神成果的总和;是指以人与自然、人与人、人与社会和谐共生、良性循环、全面发展、持续繁荣为基本宗旨的文化伦理形态。"②

① 习近平:《之江新语》,浙江人民出版社,2007,第 13 页。
② 潘岳:《社会主义生态文明》,《学习时报》2006 年 9 月 27 日。

　　生态文明建设的基本内容，即为了实现人与自然及人类社会的和谐，缓解人口与资源环境之间的矛盾，改变人类社会发展所带来的资源枯竭、环境污染破坏、生态失衡等状态，采取符合生态规律的系列办法和措施。党的十八大报告首次将生态文明建设纳入中国特色社会主义事业"五位一体"总体布局，对生态文明理念作出科学的概括，明确了生态文明建设的目标，努力走向社会主义生态文明新时代，指明了建设生态文明的现实路径，生态文明建设是贯穿于经济建设、政治建设、文化建设、社会建设全过程和各方面的系统工程，这是中国共产党执政兴国理念的重要升华，是中国特色社会主义事业总体布局顶层设计的科学完善，意义重大而深远。

　　党的十九大为生态文明建设赋予了更加丰富的内涵。从党的十九大报告的表述来看，在生态系统层面，强调"坚持人与自然和谐共生"，"必须树立和践行绿水青山就是金山银山的理念"；在建设目标层面，强调"生态环境根本好转"，"把我国建成富强民主文明和谐美丽的社会主义现代化强国"；在社会制度层面，强调"坚持党的领导"，"坚持以人民为中心"，坚定不移"走中国特色社会主义道路"；在体制机制层面，强调"推进绿色发展"，"构建政府为主导、企业为主体、社会组织和公众共同参与的环境治理体系"，"实行最严格的生态环境保护制度"，建立环境管控长效机制；在措施任务层面，强调"像对待生命一样对待生态环境"，"坚持节约资源和保护环境的基本国策"，"形成绿色发展方式和生活方式"；在理论体系层面，强调理论自信，完善中国特色社会主义理论体系，构建中国特色社会主义生态文明理论。①

　　党的二十大报告进一步把生态文明建设置于中国式现代化进程

---

① 参见习近平《决胜全面建成小康社会　夺取新时代中国特色社会主义伟大胜利——在中国共产党第十九次全国代表大会上的报告》，人民出版社，2017。

中更为重要的位置。习近平总书记总结指出，"生态环境保护发生历史性、转折性、全局性变化，我们的祖国天更蓝、山更绿、水更清"①，"中国式现代化是人与自然和谐共生的现代化"②，"尊重自然、顺应自然、保护自然，是全面建设社会主义现代化国家的内在要求。必须牢固树立和践行绿水青山就是金山银山的理念，站在人与自然和谐共生的高度谋划发展"③。

三 "怎样建设生态文明"的战略体系

习近平同志在党的二十大报告中指出，"我们坚持可持续发展，坚持节约优先、保护优先、自然恢复为主的方针，像保护眼睛一样保护自然和生态环境，坚定不移走生产发展、生活富裕、生态良好的文明发展道路，实现中华民族永续发展"④。建设生态文明是中华民族永续发展的千年大计，生态环境的修复、治理和保护是一项复杂的系统工程。推进生态文明建设要坚持系统思维，将生态文明建设融入经济建设、政治建设、文化建设、社会建设各方面和全过程，确保生态文明建设与其他各项建设协同共进，推动形成人与自然和谐发展现代化建设新格局。

因此，必须树立和践行绿水青山就是金山银山的理念，坚定走生产发展、生活富裕、生态良好的文明发展道路。进入新时代，要坚定不移地贯彻新发展理念，转变发展方式尤其是生产方式，切实将生态文明建设融入经济建设。

---

① 习近平：《高举中国特色社会主义伟大旗帜 为全面建设社会主义现代化国家而团结奋斗——在中国共产党第二十次全国代表大会上的报告》，人民出版社，2022，第11页。
② 习近平：《高举中国特色社会主义伟大旗帜 为全面建设社会主义现代化国家而团结奋斗——在中国共产党第二十次全国代表大会上的报告》，人民出版社，2022，第23页。
③ 习近平：《高举中国特色社会主义伟大旗帜 为全面建设社会主义现代化国家而团结奋斗——在中国共产党第二十次全国代表大会上的报告》，人民出版社，2022，第49页。
④ 习近平：《高举中国特色社会主义伟大旗帜 为全面建设社会主义现代化国家而团结奋斗——在中国共产党第二十次全国代表大会上的报告》，人民出版社，2022，第23页。

发展是解决我国一切问题的基础和关键，但发展必须是可持续性发展，要以生态环境保护为前提，绝不能以破坏生态环境为代价。首先，建设生态文明，推动绿色发展，要坚持正确的发展理念。"新发展理念是我国进入新发展阶段、构建新发展格局的战略指引，具有很强的战略性、纲领性、引领性，必须贯穿经济活动全过程"[①]，而绿色发展是新发展理念的重要组成部分。要实现绿色发展，就要充分认识良好生态环境的价值，充分发挥生态环境在创造财富中的作用。增强自然资本意识，推动自然资本大量增值，让良好生态环境成为人民美好生活的增长点、经济社会持续健康发展的支撑点、展现我国良好形象的发力点。其次，要实现生产方式绿色化，这是生态文明建设融入经济建设最直接、最有效的形式。建立健全绿色低碳循环发展的经济体系，促进经济社会发展全面绿色转型是解决我国生态环境问题的基础之策，具体包括发展清洁生产产业、节能环保产业、清洁能源产业，形成清洁低碳、安全高效的能源体系，推动资源全面节约和循环利用。促进产业升级换代，推动新型工业化、信息化、城镇化、农业现代化同步发展，走出一条经济发展与生态文明建设相辅相成、相得益彰的发展新路。此外，努力实现碳达峰碳中和。推进"双碳"工作是全面贯彻习近平生态文明思想、推动经济社会高质量发展和经济结构转型升级的迫切需求，同时也体现了中国式现代化的本质要求。要坚持问题导向，坚持贯彻系统观念，正确处理好发展和减排、整体和局部、长远目标和短期目标、政府和市场这四对关系。以加大科技创新力度推动能源革命，推进产业优化升级，完善绿色低碳政策体系，全面协调推进新能源高质量发展。[②]

---

① 中共中央宣传部、中华人民共和国生态环境部编《习近平生态文明思想学习纲要》，学习出版社、人民出版社，2022，第 51 页。

② 参见中共中央宣传部、中华人民共和国生态环境部编《习近平生态文明思想学习纲要》，学习出版社、人民出版社，2022，第 57~63 页。

习近平总书记强调，"在生态环境保护上一定要算大账、算长远账、算整体账、算综合账，不能因小失大、顾此失彼、寅吃卯粮、急功近利"，"要把生态环境保护放在更加突出位置，像保护眼睛一样保护生态环境，像对待生命一样对待生态环境"①。因此，应当把生态文明建设融入政治建设，将其体现在党的治国理政实践中。首先，要牢固树立绿水青山就是金山银山的理念，树立绿色政绩观。唯 GDP 的政绩观催生了高投入、高污染、高损耗的传统经济发展模式，领导干部只有摒弃向环境要效益的短视思想，主动发力带头破解生态环境诸多问题，才能使生态文明落地，建成"美丽中国"。领导干部必须履行好保护生态环境的职责，把生态文明建设作为重要政治任务，贯彻落实新发展理念，努力实现绿色发展、可持续发展。其次，实行严格健全的制度规范，为生态文明建设提供可靠保障。要把环境损害、资源消耗、生态效益等指标纳入经济社会发展评价体系，建立体现生态文明要求的目标体系、考核办法、奖惩机制。从建立生态环境损害责任终身追究制，到明确生态环境损害党政同责、开展领导干部自然资源资产离任审计，一道道生态环境保护的责任"铁索"构筑起生态文明的制度屏障。同时，要建立健全资源生态环境管理制度，贯彻落实水、大气、土壤等污染防治制度，建立反映市场供求和资源稀缺程度、体现生态价值和代际平衡的资源有偿使用制度与生态补偿制度，完善环境保护公众参与制度，强化制度约束功能。

牢固树立社会主义生态文明观是遏制生态环境损害的基础性工作。首先，要使全体公民养成勤俭节约、绿色低碳、文明健康的生活方式和消费模式。生态文明意识的形成非一朝一夕之功。环保宣传教育需要细水长流，贯穿于人们的日常生活和社会活动中。通过环保宣传教育，充分调动一切积极因素，动员全社会力量共同参与

---

① 中共中央文献研究室编《习近平关于社会主义生态文明建设论述摘编》，中央文献出版社，2017，第 8 页。

生态环境保护。政府应加强环保宣传和普及工作，鼓励基层群众自治组织、社会组织、环境保护志愿者开展环保活动，营造良好风气。教育行政部门、学校应将环保法律法规和知识纳入课堂教学，培养学生的环保意识。新闻媒体应开展环保法律法规和知识的宣传，对环境违法行为进行舆论监督。其次，推进绿色科技创新。科学技术是修复环境、治理环境和保护环境的重要手段，是走绿色发展道路的重要支撑。要不断推出节约资源、保护环境的先进技术，坚持走绿色化科技发展之路。政府有关部门、科研机构和企业应积极推进绿色科技创新，加强关键核心技术攻关。应重视以科技体制创新促进绿色科技突破，以强有力举措突破绿色发展瓶颈。

生态文明建设和环境保护是亿万人民群众共同参与、共同建设、共同享有的事业，需要全社会共同行动。首先，传播绿色发展理念，倡导绿色生活方式。引导人们树立勤俭节约的消费观，形成以绿色消费、保护生态环境为荣，以铺张浪费、加重生态负担为耻的社会氛围。其次，形成全社会共建合力。环境治理要靠政府主导和社会各界的积极参与。政府要在环境治理中明确各部门的职责，抓好工作落实，为生活方式绿色化提供物质基础、创造相应条件。依法保障社会组织和公众的环境知情权、参与权、监督权和表达权，使政府和社会组织、公众形成新型合作关系，协力推进绿色发展。对于公众来说，应增强环境保护意识，采取低碳、节俭的生活方式，自觉履行环境保护义务。

第二章
坚持绿色发展理念

早在 1949 年，《人民日报》就有一篇关于介绍苏联"绿色化"的文章。在这篇文章中，"绿色化"的意思就是"植树造林、绿化"；进入 20 世纪 90 年代以后，"绿色化"则开始被用在食品、生态农业等领域，表示有机、无公害等；再后来，"绿色化"开始被用在建筑、化工、制造业、工程管理等领域，环保、生态友好的理念开始融入这些领域。2015 年 3 月 24 日中央政治局会议首次提出"绿色化"一词，其更深一层的意义在于对党的十八大提出的"新四化"概念的提升——在"新型工业化、城镇化、信息化、农业现代化"之外，又加入了"绿色化"，并且将其定性为"政治任务"，此时的"绿色化"更是属于理论的又一创新，生态文明建设开始有了理论上的抓手，也有了实践的路径。

2021 年 10 月 12 日，习近平主席在《生物多样性公约》第十五次缔约方大会领导人峰会上的主旨讲话中提出："绿水青山就是金山银山。良好生态环境既是自然财富，也是经济财富，关系经济社会发展潜力和后劲。我们要加快形成绿色发展方式，促进经济发展和环境保护双赢，构建经济与环境协同共进的地球家园。"[1] 绿色发展强调人与自然和谐共生，绿色循环发展也是改革的方向，坚持绿色发展理念成为推进社会主义现代化建设的重大原则。"绿色发展理念

① 《习近平谈治国理政》第 4 卷，外文出版社，2022，第 435~436 页。

是当代中国的理论创新和时代抉择，创造性地回答了人与自然、经济发展与环境保护的辩证关系，反映了中国正从环境治理的追赶者转变为生态文明的引领者与创新者"[1]，体现了中国作为负责任大国的历史担当，是中华民族对世界发展的郑重承诺和贡献。

第一节　绿水青山就是金山银山

"人不负青山，青山定不负人。"2005 年 8 月，时任浙江省委书记的习近平同志在湖州安吉首次提出"绿水青山就是金山银山的发展理念"[2]；2017 年 10 月，"树立和践行绿水青山就是金山银山的理念"[3] 被写进党的十九大报告，随后"增强绿水青山就是金山银山的意识"[4] 被写进《中国共产党章程》（2017 年修订）；党的二十大报告进一步强调，"必须牢固树立和践行绿水青山就是金山银山的理念，站在人与自然和谐共生的高度谋划发展"[5]。由此可见，"两山论"已成为新时代党中央集体的重要执政理念之一。

"两山论"生动形象地展示了人们对自然环境和经济发展之间关系的认识逐步深化的过程，"在实践中对这'两座山'之间关系的认识经过了三个阶段：第一个阶段是用绿水青山去换金山银山，不考虑或者很少考虑环境的承载能力，一味索取资源。第二个阶段是既要金山银山，但是也要保住绿水青山，这时候经济发展与资源匮乏、环境恶化之间的矛盾开始凸显出来，人们意识到环境是我们生

---

① 潘加军、张乐：《我国绿色发展理念的演进与践行》，《湘潭大学学报》（哲学社会科学版）2021 年第 6 期。

② 中共浙江省湖州市委：《"绿水青山就是金山银山"的湖州实践》，《求是》2020 年第 17 期。

③ 习近平：《决胜全面建成小康社会 夺取新时代中国特色社会主义伟大胜利——在中国共产党第十九次全国代表大会上的报告》，人民出版社，2017，第 23 页。

④ 《中国共产党章程》，人民出版社，2017，第 7 页。

⑤ 习近平：《高举中国特色社会主义伟大旗帜 为全面建设社会主义现代化国家而团结奋斗——在中国共产党第二十次全国代表大会上的报告》，人民出版社，2022，第 50 页。

存发展的根本，要留得青山在，才能有柴烧。第三个阶段是认识到绿水青山可以源源不断地带来金山银山，绿水青山本身就是金山银山，我们种的常青树就是摇钱树，生态优势变成经济优势，形成了一种浑然一体、和谐统一的关系。这一阶段是一种更高的境界"[1]。

"两山论"中的"绿水青山"和"金山银山"分别是对自然环境和生产力发展的隐喻，习近平总书记所归纳的三个阶段实质上是人们对自然环境和生产力发展之间关系的认识不断深化的过程。第一个阶段用绿水青山去换"金山银山"，指的是我国早期一直是粗放型的经济增长模式，重开发轻保护、重建设轻管护的现象普遍存在，生产力的发展往往以破坏生态环境为代价，经济快速增长的同时对生态环境造成了严重破坏，以至于当前我国的生态环境面临严峻的挑战。第二个阶段是既要"金山银山"，但是也要保住绿水青山，这一阶段人们已经开始认识到经济发展必须以生态环境保护为基础和前提，因此，在巩固经济发展的同时，开始注重环境保护。习近平总书记深刻论述了环境保护和经济发展之间的关系，指出二者不是二分对立的关系，而是相互促进的关系，他认为"推动经济社会发展绿色化、低碳化是实现高质量发展的关键环节"[2]，甚至提出"宁要绿水青山，不要金山银山"[3] 的观点，环境保护和经济发展必须协同推进，缺一不可，脱离经济发展抓环境保护是"缘木求鱼"，离开环境保护搞经济发展是"竭泽而渔"，他坚持在发展中保护、在保护中发展，不能把生态环境保护和经济社会发展割裂开来，更不能对立起来。第三个阶段是认识到绿水青山本身就是"金山银山"，将自然看作一种资本形式，践行绿色发展、循环发展、低碳发展的模式，将

① 习近平：《之江新语》，浙江人民出版社，2007，第 186 页。
② 习近平：《高举中国特色社会主义伟大旗帜 为全面建设社会主义现代化国家而团结奋斗——在中国共产党第二十次全国代表大会上的报告》，人民出版社，2022，第 50 页。
③ 中共中央文献研究室编《习近平关于社会主义生态文明建设论述摘编》，中央文献出版社，2017，第 21 页。

生态文明建设融入经济、政治、文化和社会建设当中。习近平总书记明确指出，当前中国"已进入新的发展阶段，现在的发展不仅仅是为了解决温饱，而是为了加快全面建设小康社会、提前基本实现现代化；不能光追求速度，而应该追求速度、质量、效益的统一；不能盲目发展，污染环境，给后人留下沉重负担，而要按照统筹人与自然和谐发展的要求，做好人口、资源、环境工作。为此，我们既要 GDP，又要绿色 GDP"①。这一阶段更加突出了环境保护和经济发展之间的关联，它实质上是经济生态化与生态经济化的统一。经济生态化是指经济的增长不能以生态环境的牺牲为代价，必须引导生态驱动型和生态友好型产业的发展；生态经济化是指要将优质的生态环境转换成资本形式，根据环境资源的稀缺性赋予它合理的市场价格，实现有偿使用和交换，体现生态环境的自然价值。实现经济生态化与生态经济化的关键在于产权制度的改革，推行和建立矿权、渔权、林权、水权等自然资源产权及生态圈、排污权等环境资源产权的有偿使用和交易制度，划定生态保护红线，探索建立生态保护补偿机制与奖惩制度。以在全国率先践行"两山论"的浙江省为例，其通过出台排污权有偿使用和交易试点相关规定、建立健全节能量交易制度、建立与污染物排放总量挂钩的财政收费制度、建立与出境水质和森林覆盖率挂钩的财政奖惩制度等创新性改革，将保护生态环境与推进生态经济相结合，成功验证了绿水青山可以变成"金山银山"，开创了自然资本增值与环境改善良性互动的生态经济新模式。

绿水青山就是"金山银山"不是短期的发展理念，而是针对我国绿色发展、转型发展的长期引领性思想。绿色发展理念在实践中具有十分重要的指导价值。从消费者的角度来看，群众的生活水平

①　习近平：《之江新语》，浙江人民出版社，2007，第 37 页。

提高，对生态环境的需求会有所变化。一方面，群众需要良好的生态环境，以利于身体健康；另一方面，生态环境本身还会派生出很多产业，涵盖了能源资源、生态旅游、环境监测、建筑、农业等多个领域，为经济的可持续发展提供了新的动力和机遇。

一　绿水青山既是自然财富、生态财富，又是社会财富、经济财富

"草木植树成，国之富也。"大自然馈赠给人类的良好生态环境是人类永续发展的最大本钱，绿水青山作为基础性和本源性的财富蕴含无穷的经济价值，可以源源不断地带来"金山银山"。正如恩格斯所说："劳动和自然界在一起才是一切财富的源泉，自然界为劳动提供材料，劳动把材料转变为财富。"① 作为生产力三个基本要素之一的自然资源，只有和劳动结合在一起才能进行社会生产，创造社会财富和经济财富。就人与自然的关系来看，人是自然界的一部分，是自然界的产物，因而也是整个生态系统得以运行的关键环节；人是认识自然与开发自然的主体，自然界是人类社会关系的基础，为人类的生存和发展创造条件。离开了自然界人类将无法从事任何意义上的生产实践活动，没有自然界与感性的外部世界，人类什么也不能创造；没有绿水青山，人类社会所有财富的创造都是空谈。

保护生态环境就是保护自然价值和增值自然资本，就是保护经济社会发展的潜力和后劲，当前经济社会对生态环境的依赖程度与日俱增，绿色生态已成为最大财富、最大优势、最大潜力。河北承德塞罕坝林场，曾是"飞鸟无栖树，黄沙遮天日"的高原荒丘之地。新中国成立伊始，来自全国各地的 127 名大中专毕业生和 242 名当地干部、职工，响应党和国家的号召，扎根在高寒干旱的茫茫荒原，

---

① 《马克思恩格斯文集》第 9 卷，人民出版社，2009，第 550 页。

拉开了大规模治沙造林的序幕，几代塞罕坝人牢记修复自然、保护生态的使命，艰苦创业、接续奋斗，在森林覆盖率 11.4%、林木蓄积量 33 万立方米的荒原之地建成了世界上面积最大的人工林场，对比之下，塞罕坝现在的森林覆盖率高达 80%，林木蓄积量实现几十倍的增长，达到 1012 万立方米，据中国林科院评估，塞罕坝的森林生态系统，每年提供着超过 120 亿元的生态服务价值。塞罕坝辉煌的建设成就也得到了地方、国家甚至国际上的认可与赞扬，2017 年 8 月习近平总书记对河北塞罕坝林场建设者事迹作出批示："河北塞罕坝林场的建设者们听从党的召唤……用实际行动诠释了绿水青山就是金山银山的理念，铸就了牢记使命、艰苦创业、绿色发展的塞罕坝精神。"① 2017 年 12 月联合国授予塞罕坝林场建设者"地球卫士奖"。此外，国家林业局在这里建立全国唯一的"再造秀美山川示范教育基地"，中央国家机关工委在此建立"中央国家机关思想教育基地"，河北省在这里建立"河北省爱国主义教育基地"等。当前，塞罕坝凭借其良好的生态环境和丰富的物种资源，成为珍贵的动植物物种基因库，凭借优美的风光、宜人的气候为人们提供了休闲度假与亲近自然的场所，成为华北地区著名的森林生态旅游胜地。

几十年来，塞罕坝人谱写了一曲荒原上的绿色赞歌，构筑了一道为京津阻沙源、涵水源的绿色长城，创造了中国北方高寒沙地生态建设史上的绿色奇迹，塞罕坝林场已经成为推进生态文明建设的一个生动范例。"全党全社会要坚持绿色发展理念，弘扬塞罕坝精神，持之以恒推进生态文明建设"②，新的历史时期，我们需要弘扬塞罕坝精神创造更多像塞罕坝把荒原变林海、把沙地变绿洲、把青山变金山的人间奇迹。可见经济发展不能以破坏生态为代价，生态本身就是经济，保护生态就是促进生产力的发展。让绿水青山充分

---

① 《习近平谈治国理政》第 2 卷，外文出版社，2017，第 397 页。
② 《习近平谈治国理政》第 2 卷，外文出版社，2017，第 397 页。

发挥经济社会效益，不是要把它破坏了，而是要把它保护得更好。推动经济高质量发展，绝不能再走先污染后治理的老路，必须贯彻绿色发展理念，平衡和处理好发展与保护的关系。一方面，我们要推动实现生态观念的转变和更新，深化人与自然关系的本质的认识，重视绿水青山的生态价值和社会价值，为新时代生态文明建设筑牢思想根基；另一方面，我们要把绿色发展的理念融入经济发展的各个环节，实现经济生态化和生态经济化，让绿水青山成为生产力发展的重要源泉，赋予稀缺的生态资源更合理的市场价格以体现对其生态价值的尊重。概而言之，只要坚持生态优先、绿色发展，锲而不舍，久久为功，就一定能把绿水青山变成"金山银山"。

二 绿水青山是人民幸福生活的重要内容，胜过金山银山

"鱼逐水而居，鸟择良木而栖。"生态环境是关系民生大计的社会问题。自古以来，人类的定居与迁移都以生态环境的好坏为准则，良好生态环境是人民群众的共有财富，是最公平的公共产品、最普惠的民生福祉。党的十八大以来，随着我国社会主要矛盾的变化，人民群众对美好生态环境的需要愈发强烈，过去"盼温饱"现在"盼环保"，过去"求生存"现在"求生态"。对于人类的生存来说，金山银山固然重要，但绿水青山是人民幸福生活的重要基础，是金山银山代替不了的。离开绿水青山，人类的幸福就如无源之水、无根之木。

发展经济的目的是让人民群众过上好日子，保护环境是为了让人民有一个健康的身体，如果以牺牲环境换取经济的发展，那么人民群众基本的生存都成问题了又何谈幸福？以牺牲环境换取经济的发展不仅使人民毫无幸福可言，而且有可能成为民生之患、民心之痛。钱袋子鼓起来了，但空气与饮用水都不合格，这样的发展是低质量的发展，也是不可持续的。浙江省安吉县余村靠山吃山，村里的矿

山曾是大家眼中的"金山"。从1977年到20世纪末全村200多户人家有一半以上捧着"石头碗"吃饭，每人每月能领到1000多元工资。20世纪末，余村已经是安吉县有名的工业村，村民们也靠开山采矿让钱袋子鼓起来了。可是，这种经济增长模式并非长久之计，环境问题随之而来，山体遭到破坏、水和空气受到污染、灰尘常年漫天，矿山事故时有发生。在生计和生态的两难选择中，余村人举步维艰、犹豫徘徊。2003年7月，浙江省委提出"八八战略"，打造"绿色浙江"的内容包含其中，余村人紧跟政策指引向"吃祖宗饭、断子孙路"的发展方式挥手告别，转型发展休闲经济，走生态兴村发展之路。矿山遗址公园取代了被炸得坑坑洼洼的冷水洞矿山，"两山绿道"替换了被运矿车压得坑坑洼洼的村路，水泥厂旧址改建成田园观光区，全国首个以"两山"实践为主题的4A级生态旅游、乡村度假景区在余村建成并接待游客。余村村集体经济收入从2005年的91万元增长至2020年的724万元，村民人均年收入从2005年的8732元增加到2020年的55680元。余村人形容自己是"被幸福累弯了腰"，余村也先后获得了全国文明村、全国美丽宜居示范村等多项荣誉，2021年6月被中央宣传部命名为"全国爱国主义教育示范基地"，2021年12月入选联合国首批"世界最佳旅游乡村"名单。

"当人类合理利用、友好保护自然时，自然的回报常常是慷慨的；当人类无序开发、粗暴掠夺自然时，自然的惩罚必然是无情的。"[①] 在发展中保护绿水青山，在保护绿水青山中实现发展，山水保护得好，发展就有了得天独厚的优势，余村人将生态资源优势转化为经济发展优势，实实在在地从中获益。对人的生存来说，生态环境没有替代品。人与自然是相伴而生的，只有尊重自然、顺应自然，保护好绿水青山，才能实现经济的可持续发展。因此，一方面，要不断满足人民群

---

① 《习近平谈治国理政》第3卷，外文出版社，2020，第360页。

众对优质生态产品、优美生态环境的新期待，让人民群众"望得见山、看得见水、记得住乡愁"①；另一方面，要从实际出发，坚持生态惠民、生态利民、生态为民，让良好的生态环境成为人民幸福生活的增长点，把优质的生态环境转化成居民的实际收入。

三　绿水青山和金山银山辩证统一于绿色发展

"万物各得其和以生，各得其养以成。"绿水青山和金山银山，前者指代优质的生态环境和优质的生态产品，后者指代经济收入和民生福祉，是对生态环境保护和经济发展的形象化表达，生态环境保护的成败归根到底在于经济结构和经济发展方式是否合理，因此两者绝不是对立的，而是辩证统一的。绿水青山就是金山银山这一重要发展理念"阐述了经济发展和生态环境保护的关系，揭示了保护生态环境就是保护生产力、改善生态环境就是发展生产力的道理，指明了实现发展和保护协同共生的新路径"② 即绿色发展。发展才是硬道理，但是发展必须以生态环境的承载力为限度，充分尊重自然的发展规律，经济发展不能一味地索取资源，生态环境保护也不能完全放弃经济发展，而是要把两者辩证地统一起来。只有在经济发展中保护好绿水青山，才能从常青树中获得源源不断的财富。

"只有在社会中，自然界才是人自己的合乎人性的存在的基础，才是人的现实的生活要素。只有在社会中，人的自然的存在对他来说才是人的合乎人性的存在，并且自然界对他来说才成为人。"③ 尽管人类社会发展经历了不同阶段，但发展始终是摆在第一位的，发展能够解决人类基本的生存问题，能够养活更多的人，能够提高人类的生活水平，这些从地球人口数量的变化中即可得到证实。人类

---

① 《习近平谈治国理政》第 3 卷，外文出版社，2020，第 361 页。
② 《习近平谈治国理政》第 3 卷，外文出版社，2020，第 361 页。
③ 《马克思恩格斯文集》第 1 卷，人民出版社，2009，第 187 页。

永不停止地开发技术，资源转化为消费所需物品的能力也将持续增强。2 万年前世界最多只有不到 1000 万人，那时的地球无法养活更多旧石器时代的人；18 世纪，托马斯·马尔萨斯开始担心当时的世界人口数量太多了——不到 10 亿人；工业革命之后，生产力大大提升，1960 年世界人口达到 30 亿人；如今，世界上接近 76 亿的人口比历史上任何时候都吃得更饱、更健康、活得更长。[①] 这说明只有通过发展创造更多的社会财富和产品，才能解决人类基本的生存问题，而社会财富和产品的创造和积累又是人通过自觉的劳动从大自然中生产出来的，也就是说，人类在长期的生产实践中，不断认识自然，利用自然规律为人类谋利益。绿水青山和金山银山是经济社会发展进步的两个重要方面，两者已然成为发展中矛盾的两个方面。

尽管科技的飞速发展与生产力的巨大进步创造了能养活更多人类和提供更好生活的社会产品，但是技术进步也加快了人类对自然资源的消耗速度，生态环境的容量已成为限制人类社会发展进步的重要因素，正如密歇根大学的经济学家所预测的，如果科技的发展能够解决当前限制人类增长的气候和环境问题，那么"世界人口将在 100 年多一点的时间里至少稳定在 120 亿人左右"[②]。当前，我国已经把绿水青山作为重要生产要素，走绿色发展道路，在经济发展与环境保护发生矛盾时，力争守住生态环境的底线，作出正确的选择，"实现发展和生态环境保护协同推进"[③]，筑牢永续发展的根基。中国几十年的发展实践历程证明，绿水青山和金山银山相辅相成、唇齿相依，一方面不能以绿水青山换一时的经济发展，绿水青山可以带来金山银山，但是金山银山买不来绿水青山，另一方面要认识到"留得

---

① 参见琼山《地球上理想的人类数量是多少》，《支部建设》2020 年第 3 期，第 55 页。
② 琼山：《地球上理想的人类数量是多少》，《支部建设》2020 年第 3 期，第 55 页。
③ 中共中央文献研究室编《习近平关于社会主义生态文明建设论述摘编》，中央文献出版社，2017，第 27 页。

青山在，不怕没柴烧"，绿水青山本身就是金山银山，要坚持以绿色发展富国、惠民。

第二节　促进国土空间开发布局和经济布局绿色化

国土空间开发布局和经济布局绿色化是贯彻绿色发展理念的重要环节。当前，我国进入社会主义现代化建设的关键时期，经济发展进入新常态，国土开发利用与保护面临重大机遇和严峻挑战。一是人口、资源分布不协调。随着改革开放的深化，产业和就业人口不断向东部沿海地区集中，产品、劳动力等大规模跨地区流动，加之2020年以来新冠疫情的冲击，经济运行成本、社会稳定和生态环境风险加大。二是城镇、农业、生态空间结构性矛盾凸显。一方面是城乡建设用地不断扩大，另一方面是农业和生态用地的减少，城镇、农业、生态空间矛盾加剧，耕地保护压力持续增大。三是部分地区国土开发强度与资源环境承载能力不匹配。国土开发过度和开发不足现象并存，京津冀、长江三角洲、珠江三角洲等地区国土开发强度接近或超出资源环境承载能力，中西部一些自然禀赋较好的地区尚有较大开发潜力。四是陆海国土开发缺乏统筹。沿海局部地区开发布局与海洋资源环境条件不相适应，围填海规模增长较快，利用粗放，可供开发的海岸线和近岸海域资源日益匮乏，涉海行业用海矛盾突出，渔业资源和生态环境损害严重。此外，在国土开发质量方面仍有较大提升空间，包括城镇化重速度轻质量问题严重、产业低质同构现象比较普遍、基础设施建设重复与不足问题仍然存在、城乡区域发展差距仍然较大，如城乡居民收入比由20世纪80年代中期的1.86∶1扩大到2015年的2.73∶1，城乡基础设施和公共服务水平存在显著差异。①

---

① 参见《国务院关于印发全国国土规划纲要（2016—2030年）的通知》，《中华人民共和国国务院公报》2017年第6期，第35～64页。

一　促进国土空间开发布局和经济布局绿色化的意义

面对严峻的形势，党中央以前所未有之力度抓生态文明建设，全党全国推动绿色发展的自觉性和自主性不断提升，持续不断的大规模国土绿化行动就是最好的证明。习近平总书记在《站在人与自然和谐共生的高度谋划经济社会发展》一文中指出，"这次疫情防控使我们更加深切地认识到，生态文明建设是关系中华民族永续发展的千年大计，必须站在人与自然和谐共生的高度来谋划经济社会发展"；"第一次工业革命以来，人类利用自然的能力不断提高，但过度开发也导致生物多样性减少，迫使野生动物迁徙，增加野生动物体内病原的扩散传播。新世纪以来，从非典到禽流感、中东呼吸综合征、埃博拉病毒，再到这次新冠肺炎疫情，全球新发传染病频率明显升高。只有更好平衡人与自然的关系，维护生态系统平衡，才能守护人类健康。要深化对人与自然生命共同体的规律性认识，全面加快生态文明建设"。[1] 党的十八大报告指出，"国土是生态文明建设的空间载体，必须珍惜每一寸国土"[2]。对于如何优化国土空间开发布局给出了具体的指导，强调要按照人口资源环境相均衡、经济社会生态效益相统一的原则，控制开发强度，调整空间结构，促进生产空间集约高效、生活空间宜居适度、生态空间山清水秀；实施主体功能区战略，推动各地区严格按照主体功能定位发展，构建科学合理的城市化格局、农业发展格局、生态安全格局；提高海洋资源开发能力，发展海洋经济，保护海洋生态环境，建设海洋强国。党的十九大报告进一步提出要"建立健全绿色低碳循环发展的

---

[1] 《习近平谈治国理政》第4卷，外文出版社，2022，第355页。
[2] 《胡锦涛文选》第3卷，人民出版社，2016，第645页。

经济体系"①，党的二十大报告更是强调要"提升生态系统多样性、稳定性、持续性"②。《中共中央关于制定国民经济和社会发展第十四个五年规划和二〇三五年远景目标的建议》立足资源环境承载能力，强调要发挥各地区比较优势以促进国土空间开发保护格局的优化，完善和落实主体功能区制度，开拓高质量发展的重要动力源。在国土空间的开发中，不同区域的资源和环境承载力各不相同，只有从全国视角和国家整体利益出发，做好顶层设计，才能够优化人口、经济、社会以及环境等各要素的合理配置，促进绿色发展和经济发展的协调。

促进国土空间开发布局和经济布局绿色化已经成为新时代建设生态文明的重要任务，在推进绿色发展的进程中，党中央的重大决策部署为国土空间开发布局和经济布局绿色化提供科学指导思想的同时，也采取了具体行动大力推进国土空间开发布局和经济布局绿色化。粤港澳大湾区作为中国开放程度最高、经济活力最强的区域之一，在国家发展大局中居于重要战略地位。推进粤港澳大湾区建设，也是以习近平同志为核心的党中央作出的重大决策，是习近平总书记亲自谋划、亲自部署、亲自推动的国家战略。2019 年 2 月，中共中央、国务院印发《粤港澳大湾区发展规划纲要》把粤港澳大湾区的发展战略定位为，不仅要建成充满活力的世界级城市群、国际科技创新中心、"一带一路"建设的重要支撑、内地与港澳深度合作示范区，还要打造成宜居宜业宜游的优质生活圈，成为高质量发展的典范。《粤港澳大湾区发展规划纲要》的基本原则之一就是强调"绿色发展，

---

① 习近平：《决胜全面建成小康社会 夺取新时代中国特色社会主义伟大胜利——在中国共产党第十九次全国代表大会上的报告》，人民出版社，2017，第 51 页。

② 习近平：《高举中国特色社会主义伟大旗帜 为全面建设社会主义现代化国家而团结奋斗——在中国共产党第二十次全国代表大会上的报告》，人民出版社，2022，第 51 页。

保护生态"①，着眼于城市群可持续发展，强化环境保护和生态修复，推动形成绿色低碳的生产生活方式和城市建设运营模式，有效提升城市群品质。粤港澳大湾区的实践为国土空间开发布局、经济布局绿色化提供了强大的辐射引领作用，党中央从宏观视角统筹珠三角九市与粤东西北地区生产力布局，有力地促进了该区域周边地区快速发展，坚持极点带动、轴带支撑、辐射周边，推动大中小城市合理分工、功能互补，进一步提高了区域发展协调性。不仅如此，党中央还以此为出发点旨在构建以粤港澳大湾区为龙头，以珠江—西江经济带为腹地，带动中南、西南地区协调、可持续的绿色发展，辐射东南亚、南亚的重要经济支撑带。

二　促进国土空间开发布局绿色化的实践路径

2019 年中共中央、国务院《关于建立国土空间规划体系并监督实施的若干意见》提出要"建立国土空间规划体系并监督实施，将主体功能区规划、土地利用规划、城乡规划等空间规划融合为统一的国土空间规划，实现'多规合一'，强化国土空间规划对各专项规划的指导约束作用"②。党的二十大报告针对提升生态系统多样性、稳定性、持续性的要求提出要科学开展大规模国土绿化行动，"以国家重点生态功能区、生态保护红线、自然保护地等为重点，加快实施重要生态系统保护和修复重大工程"③。促进国土空间开发布局绿色化要从源头开始，目前我国各级各类空间规划在支撑城镇化快速发展和国土空间合理利用方面发挥了积极作用，但也存在规划类型过多、

---

① 中共中央、国务院：《粤港澳大湾区发展规划纲要》，《中华人民共和国国务院公报》2019年第 7 期，第 4～25 页。

② 中共中央党史和文献研究院编《十九大以来重要文献选编》（中），中央文献出版社，2021，第 70 页。

③ 习近平：《高举中国特色社会主义伟大旗帜　为全面建设社会主义现代化国家而团结奋斗——在中国共产党第二十次全国代表大会上的报告》，人民出版社，2022，第 51 页。

内容重叠冲突，审批流程复杂、周期过长，地方规划朝令夕改等问题。为此，建立全国统一、权责清晰、科学高效的国土空间规划体系，从整体上谋划新时代国土空间开发保护格局迫在眉睫，这一体系的建构既是加快形成绿色生产方式和生活方式、推进生态文明建设、建成美丽中国的关键举措，也是坚持以人民为中心、实现高质量发展和高品质生活、建设美好家园的重要手段。国土空间规划作为国家空间发展的指南、可持续发展的空间蓝图，是各类开发保护建设活动的基本依据。

坚持集约发展，提高国土空间开发的效率。2017 年 1 月，《全国国土规划纲要（2016—2030 年）》出台，提出要以培育重要开发轴带和开发集聚区为重点建设竞争力高地。① 为整体提高国土空间开发的效率，强调要进行集约发展，一方面可结合资源环境承载力、集聚开发水平较高或潜力较大的城市化地区作为聚集开发的重点，如京津冀、长江三角洲、珠江三角洲等较大的城市群，可通过优化布局推动这些城市群周边地区的协同发展；另一方面依托大江大河和重要交通干线，打造若干国土空间开发重要轴带，以点带面促进生产要素有序流动和高效集聚，如可将我国丝绸之路经济带和长江经济带等国土空间开发的关键轴带作为国土聚集开发的示范区，促进沿海轴带连接 21 世纪海上丝绸之路建设，发挥京哈—京广轴带，发挥全国区域发展南北互动、东西交融的重要核心地带作用，促进包昆轴带发展，发挥我国西部地区最重要的南北向开发轴带作用，此外还可大力建设京九轴带、陇海—兰新轴带、沪昆轴带，等等。基于不同开发轴带的基础条件和连接区域的经济社会发展水平，明确战略定位与发展重点，把生产要素向交通干线和连接通道高效集聚，推动资源高效配置和市场深度融合。

---

① 参见《国务院关于印发全国国土规划纲要（2016—2030 年）的通知》，《中华人民共和国国务院公报》2017 年第 6 期，第 35～64 页。

分类分级推进国土全域保护。早在 2010 年底，国务院就印发了新中国首部全国性国土空间开发规划《全国主体功能区规划》按开发方式将国土空间划分为优化开发区域、重点开发区域、限制开发区域和禁止开发区域，同时提出六个新的开发理念（根据自然条件适宜性开发的理念、区分主体功能的理念、根据资源环境承载能力开发的理念、控制开发强度的理念、调整空间结构的理念、提供生态产品的理念）和五个开发原则（优化结构、保护自然、集约开发、协调开发、陆海统筹）。该规划的出台表明中国国土空间开发思路和开发模式的重大转变，是国家区域调控理念和调控方式的重大创新，对推动科学发展与国土空间的合理布局具有指导意义与实践价值。2017 年 1 月，《全国国土规划纲要（2016—2030 年）》进一步提出要根据不同地区国土开发强度的控制要求，综合运用管控性、激励性和建设性措施，分类分级推进国土全域保护，构建"五类三级"①国土全域保护格局。一方面要按照资源环境主题实施全域分类保护，根据资源环境承载力评价和定位各区域的主体功能，对环境质量、人居生态、自然生态、水资源和耕地资源这五大类资源环境实施不同的保护措施；另一方面依据开发强度实施国土分级保护，诸如京津冀、长江三角洲、珠江三角洲等优化开发区域，实施人居生态环境修复，优化开发，强化治理，对重点开发区域实施修复和维护，有序开发，改善人居生态环境等。这一举措既有效地维护了国家生态安全和水土资源安全，也能够更有针对性地保护不同类型的国土开发区域。

三　促进经济布局绿色化的实践路径

经济布局绿色化既要从各区域的功能定位与资源优势出发，又

---

① 参见《国务院关于印发全国国土规划纲要（2016—2030 年）的通知》，《中华人民共和国国务院公报》2017 年第 6 期，第 35～64 页。

要坚持将协调发展和绿色发展的理念贯穿经济布局与实际行动中以获取最大经济效益。2020 年，欧盟、韩国、日本相继表明到 2050 年实现"碳中和"；9 月中国在第七十五届联合国大会一般性辩论上首次提出了"2060 年前实现碳中和"①目标，与 2030 年碳排放达峰共同组成"30·60 目标"，标志着中国全面进入绿色低碳时代；11 月拜登也承诺上台后将促进美国重回《巴黎协定》并开展一系列清洁能源革命论证在 21 世纪中叶达成碳净零排放，而其他近 110 个国家也都作出了同样的零碳承诺，这意味着 21 世纪第 3 个 10 年绿色可持续经济低碳竞争将成为全球经济发展的主基调，"全球绿色低碳经济之战"已正式打响。各主要经济体与碳排放大国提出"碳中和"目标也意味着全球经济将全面形成以低碳可持续发展为核心的国际新格局。在全球绿色低碳经济新格局之中，我国需要加强与主要经济体之间的国际合作与竞争，以促进互利共赢、共同应对全球气候变化为目标，打好这场"全球绿色低碳经济之战"。

"凡事预则立，不预则废"，面对全球绿色低碳经济新格局与挑战，中国必须抢占先机，提前谋划经济发展绿色化，"以生态文明思想为指导，贯彻新发展理念，以经济社会发展全面绿色转型为引领，以能源绿色低碳发展为关键，坚持走生态优先、绿色低碳的发展道路"②。中国要实现 2030 年低碳承诺的 10 年目标，其重点在前 5年，而这 5 年正是"十四五"关键时期，亦是中国实现"碳中和"长期目标的开端阶段，更是新冠疫情后中国开展经济复苏的重要起点。习近平主席在气候雄心峰会上提出三点倡议："第一，团结一心，开创合作共赢的气候治理新局面。在气候变化挑战面前，人类命运与共，单边主义没有出路。我们只有坚持多边主义，讲团结、促合作，才能互利共赢，福泽各国人民"；"第二，提振雄

---

① 《习近平谈治国理政》第 4 卷，外文出版社，2022，第 458 页。
② 习近平：《论坚持人与自然和谐共生》，中央文献出版社，2022，第 277 页。

心，形成各尽所能的气候治理新体系"；"第三，增强信心，坚持绿色复苏的气候治理新思路"。①

从国际绿色发展维度看，当前中国秉持"授人以渔"理念，已通过多种形式的"南南"务实合作，尽己所能帮助发展中国家实现经济低碳发展与基础设施建设绿色化。从非洲的气候遥感卫星，到东南亚的低碳示范区，再到小岛国的节能灯，中国应对气候变化"南南"合作成果看得见、摸得着、有实效。未来，中国还将把生态文明领域合作作为共建"一带一路"的重点内容，持续造福参与共建"一带一路"的各国人民。② 此外，中国还将积极分享经验并参与制定和推出全球碳市场与清洁能源市场领域的国际标准建立，加强与各国在绿色和数字领域的合作互补，如循环经济、能源互联网、可持续金融等领域，推动世界经济数字化与绿色化的融合。从地方企业环境管理维度看，深圳、上海和天津的地方绿金条例都提到了环境信息披露工作，一方面加强金融机构的环境信息披露工作可为建立全国性的绿色信息平台提供参考，为绿色项目融资提供借鉴，也为国家制定绿色政策提供依据，更推动了信息化和数字化在绿色金融中的广泛运用；另一方面强化交易平台的信息披露与发行规定，进而提高各类绿色产品的统一性、规范性、国际化、透明度和知名度，有助于改善国内绿色股权融资占比过少的问题，令企业在银行信贷的基础上多出了面向公众进行绿色融资的选择，最终建立一个全国性乃至世界性的可持续金融生态圈。2021 年 5 月《环境信息依法披露制度改革方案》经中央全面深化改革委员会会议审议通过，由 10 个部门联合实施，环境信息依法披露作为企业环境管理的一项重要制度，构成了我国生态文明制度体系的基础性内容。《环境信息依法披露制度改革方案》聚焦对生态环境、公众健康和公民

① 习近平：《论坚持人与自然和谐共生》，中央文献出版社，2022，第 269~270 页。
② 习近平：《论坚持人与自然和谐共生》，中央文献出版社，2022，第 278 页。

利益有重大影响，市场和社会关注度高的企业环境行为，落实企业强制性披露环境信息的法定义务，建立部门联动、运作有效的管理机制，强化行政监管和社会监督，加强法治化建设，形成企业自律、管理有效、监督严格、支撑有力的环境信息依法披露制度。强制要求企业披露环境信息，并制定相关法律进行严格监督，有助于促进全国各大企业朝着绿色化发展方向前进，是经济布局绿色化的一个重要实践。

第三节　推动产业结构和生产方式绿色化

当前，我国仍处于社会主义初级阶段，工业化、城镇化仍在不断深入推进，传统产业所占比重依然较高，战略性新兴产业、高技术产业尚未成为经济增长的主导力量，能源结构偏煤、能源效率偏低的状况没有得到根本性改变，重点区域、重点行业污染等诸多环境问题并未得到根本解决等，新的历史时期推动工业绿色低碳转型和生产方式绿色化的任务仍然十分艰巨。与此同时，绿色经济已成为全球产业竞争重点，国际上发达经济体正在谋划或推行碳边境调节机制等绿色贸易制度，提高技术要求，实施优惠贷款、补贴关税等鼓励政策也增加了我国产业结构和生产方式绿色化的成本和难度。可见，过去不可持续的产业结构和生产方式对当前生态环境的保护造成了巨大的挑战，也十分不利于经济社会的绿色发展。面对新形势、新任务、新要求，立足新发展阶段，完整、准确、全面贯彻新发展理念，以习近平同志为核心的党中央提出要推动构建新发展格局，落实制造强国、网络强国战略，以推动高质量发展为主题，以供给侧结构性改革为主线，以碳达峰碳中和目标为引领，以减污降碳协同增效为总抓手，统筹发展与绿色低碳转型；深入实施绿色制造，加快产业结构优化升级，大力推进工业节能降碳，全面提高资源利用效率，积极推行清洁生产改造，提升绿色低碳技术、绿色产品、服务供给能力，构建工业绿色低碳转型与工业赋能绿色发展相互促进、深度融合的现代化产业格局，支撑碳达峰碳中和目标任务如期实现。①

一 推动产业结构和生产方式绿色化的意义

党的十八大以来我国经济社会的发展始终坚持贯彻新发展理念，坚持绿色的可持续发展，"十三五"时期经济发展已经进入新常态，在这种背景下推动我国产业结构和生产方式绿色化既是中国特色社会主义生态文明建设的内在要求，也是促进我国经济高质量、可持续发展的必然选择。

推动我国产业结构和生产方式绿色化既是中国特色社会主义生态文明建设的内在要求，也是解决我国资源和生态环境问题的基础之策。习近平同志在党的二十大报告中对如何推进产业绿色发展作出规划，"实施全面节约战略，推进各类资源节约集约利用，加快构建废弃物循环利用体系。完善支持绿色发展的财税、金融、投资、价格政策和标准体系，发展绿色低碳产业，健全资源环境要素市场化配置体系"②。绿色发展是生态文明建设的必然要求，经济发展就是要把追求经济目标和生态目标、人与自然和谐的目标并列起来，强化尊重自然、绿色低碳等理念，不断提高经济发展绿色化程度。而要实现这些目标，打造绿色低碳循环发展的产业体系是根本之策。《中共中央关于制定国民经济和社会发展第十四个五年规划和二〇三五年远景目标的建议》将"坚定不移贯彻创新、协调、绿色、开放、

---

① 参见《工业和信息化部关于印发〈"十四五"工业绿色发展规划〉的通知》，中央政府门户网站，2021 年 12 月 3 日，http://www.gov.cn/zhengce/zhengceku/2021-12/03/content_5655701.htm。

② 习近平：《高举中国特色社会主义伟大旗帜 为全面建设社会主义现代化国家而团结奋斗——在中国共产党第二十次全国代表大会上的报告》，人民出版社，2022，第 50 页。

共享的新发展理念"① 作为"十四五"时期经济社会发展指导思想的重要内容，并围绕"推动绿色发展""促进人与自然和谐共生"② 作出全面部署，在如何加快发展方式绿色转型上提出"发展绿色金融，支持绿色技术创新，推进清洁生产，发展环保产业，推进重点行业和重要领域绿色化改造"③。党的十九届五中全会更进一步把"广泛形成绿色生产生活方式"④ 作为到2035年基本实现社会主义现代化远景目标的重要内容。这些行动与文件都说明，立足新发展阶段，我国经济社会发展全面绿色转型的目标指向和价值取向更加明晰，生态文明建设在经济社会发展全局中的基础性、战略性地位进一步凸显。

二　推动产业结构绿色化的实践路径

习近平总书记指出："要坚定不移走绿色低碳循环发展之路，构建绿色产业体系和空间格局。"⑤ 绿色发展中产业结构绿色化行动最重要的就是要深化供给侧结构性改革，对传统产业的优化升级和新兴产业的着重发展，把经济发展和绿色发展结合起来，促进工业、农业、旅游业、服务业等第一产业、第二产业和第三产业的可持续、高质量绿色发展，把企业的生态优势转化为经济发展的优势。

1. 促进产业结构的高端化转型

党的二十大报告在构建新发展格局中强调要坚持以推动高质量

---

① 中共中央党史和文献研究院编《十九大以来重要文献选编》（中），中央文献出版社，2021，第790页。
② 中共中央党史和文献研究院编《十九大以来重要文献选编》（中），中央文献出版社，2021，第806页。
③ 中共中央党史和文献研究院编《十九大以来重要文献选编》（中），中央文献出版社，2021，第806页。
④ 中共中央党史和文献研究院编《十九大以来重要文献选编》（中），中央文献出版社，2021，第790页。
⑤ 中共中央文献研究室编《习近平关于社会主义生态文明建设论述摘编》，中央文献出版社，2017，第31~32页。

发展为主题，"把实施扩大内需战略同深化供给侧结构性改革有机结合起来"①，既符合我国现阶段的实际发展情况也符合国际发展的趋势。一方面，要紧盯产能落后的产业，推动重点领域产业的绿色低碳发展。总体来说，我国过去经济发展较为依赖的传统产业，第一、第二产业现代化水平还有待进一步提升，第三产业的结构发展不够协调，产业相对分散，布局凌乱，因此产业的优化升级及其绿色化、高端化转型成为未来发展的方向。例如，对城镇人口密集区的危险化学品生产企业进行搬迁改造；对于市场已饱和的"两高"项目，主要产品设计能效水平对标国际先进水平；优化和提升服务业的竞争优势，融入全球服务分工体系并占据上游产业发展链等。另一方面，大力培育绿色环保战略性新兴产业，把能源资源消耗低但市场需求旺盛的产业作为发展的新引擎，并将这些新兴产业做大做强，如新能源汽车、绿色智能船舶、高端装备、5G 等，促进社会的产业结构升级及社会的绿色低碳发展。此外，还可以鼓励一些生态产品资源丰富的地区向绿色化产业发展，如打造以京津冀、长江三角洲、粤港澳大湾区等区域为重点的绿色低碳发展高地，推动长江经济带成为我国生态优先绿色发展主战场，为黄河流域生态保护和高质量发展提供镜鉴。

2. 构建绿色低碳技术支撑

"要解决好推进绿色低碳发展的科技支撑不足问题，狠抓绿色低碳技术攻关，集中资源攻克关键核心技术，加快先进适用技术研发和推广应用。加强创新能力建设，建立完善绿色低碳技术评估、交易体系，加快创新成果转化。"② 没有落后的产业，只有落后的技术，

---

① 习近平：《高举中国特色社会主义伟大旗帜　为全面建设社会主义现代化国家而团结奋斗——在中国共产党第二十次全国代表大会上的报告》，人民出版社，2022，第 28 页。

② 中共中央宣传部、中华人民共和国生态环境部编《习近平生态文明思想学习纲要》，学习出版社、人民出版社，2022，第 62 页。

大力采用绿色技术和绿色工艺不仅能为绿色发展提供技术支撑，绿色技术和绿色工艺的研发及其推广还有助于满足人民群众不断增长的对优质产品和优质生态服务的需求，此外还能够激励企业为顺应和满足消费者美好生活需求、绿色消费观念而不断研发和采用绿色技术形成良性循环，以更多的优质绿色产品和更好的优质绿色服务彰显企业的绿色社会责任，最终在增强企业整体市场竞争力的同时促进综合国力的提升。首先，可以通过对生态技术创新主体的大力培养，从根源上提高资源的利用效率与生产要素的使用效率，实现经济效益的最大化，可以说经济增长方式转变最重要的途径就是技术的进步，而技术的进步离不开创新主体的培养，因此产业结构绿色化转型就是要以技术创新主体的培养为根本前提。其次，产业结构绿色化还须以大量尖端技术为支撑，加快关键共性技术攻关突破能源材料技术、高效储能材料技术等关键核心技术，集中力量进行技术攻关，形成一批原创性科技成果。这些技术的进步与科研成果的转换直接关系到国家节水行动、绿色出行、绿色社区、绿色低碳生活方式等行动的贯彻落实，同时相关新型材料技术、生物技术等的应用还能在很大程度上降低能耗、水耗，此外某些高新技术还能对传统第一、第二产业进行升级改造，建立与发展节能型工业与农业，加快推进新型工业化道路的建设。最后，要以市场为导向促进科技产业成果的转化，创造有利于第三产业发展的市场环境，一方面可以全面深化经济与科技机制的改革，促进科技与市场的有机融合，另一方面继续发展以新型技术的推广应用为重要内容的现代化服务业，发展绿色、节能、环保的服务业，减少各生产要素流动所带来的不必要的资源消耗，充分利用价格、竞争等市场经济的手段促进低投入、高产出、低耗能、循环发展的经济模式的建立。

三　推动生产方式绿色化的实践路径

生产方式是指社会生活所必需的物质资料的谋取方式，在生产过程中形成的人与自然界之间和人与人之间的相互关系的体系。生产力和生产关系是生产方式的建设性内容——物质生产方式和社会生产方式，也就是说生产方式是两者在物质资料生产过程中的能动统一。生产方式是人类社会发展的决定力量，是人类社会赖以存在和发展的基础，同时生产方式决定社会制度的性质，制约着整个社会生活、政治生活和精神生活的过程以及社会制度的更替。因此，生产方式绿色化是贯彻落实绿色发展理念的根本，其本身也是一个不断完善的过程，随着技术进步和经济发展，其内涵将不断更新进步，推动生产方式绿色化是发展领域的重要一环，需要多方发力，协调推进。

1. 生产过程清洁化转型

在清洁生产领域，绿色生产是指以节能、降耗、减污为目标，以管理和技术为手段，实施工业生产全过程污染控制，使污染物的产生量最少化的一种综合措施。国际上，工业污染控制方式在20世纪80年代出现了重大的变革：以原先西方发达国家"末端处理"式的先污染后治理方式转化为以污染防范为主的污染控制战略，这种新战略被联合国环境规划署工业活动中心称为"清洁生产"战略。"清洁生产"战略谋求合理利用资源、减少整个工业活动对人类和环境的风险，是经济可持续发展的一个有力工具。国务院各部门对于生产过程清洁化转型也制定了一系列的指导性文件，2011年12月，国务院印发《国家环境保护"十二五"规划》强调要大力推行清洁生产；2012年1月，工业和信息化部、科技部等共同制定的《工业清洁生产推行"十二五"规划》提出要推动"十二五"时期工业领域清洁生产机制的进一步完善和健全；2016年6月，工业和信息化部印发的《工业绿色发展规划（2016—2020年）》提出这一阶段的目标是使先进适用清洁生产技术工艺及装备实现普及化；2021年11月，工业和信息化部在2016年的基础上进一步制定出台了《"十四五"工业绿色发展规划》，对生产过程清洁化转型作出了更为细致的指导，强调要强化源头减量、过程控制和末端高效治理相结合的系统减污理念，大力推行绿色设计，引领增量企业高起点打造更清洁的生产方式，推动存量企业持续实施清洁生产技术改造，引导企业主动提升清洁生产水平。这些都说明生产过程清洁化转型促进经济循环发展能够从根本上消除生态环境保护和经济社会发展之间的矛盾，从而实现经济社会的绿色发展。

2. 生产方式数字化转型

当今世界处于以信息化全面引领创新、以信息化为基础重构国家核心竞争力的新阶段，正迎来新一轮信息革命浪潮。新一轮信息革命浪潮带来产业技术路线革命性变化和商业模式突破性创新，使社会生产呈现出生产方式智能化、产业形态数字化等新特征，我们正处于从管理数字化、业务数字化向产业数字化转变的阶段。数字化不仅促进形成新的产业形态，而且推动传统产业向更高级产业形态转型升级。可以预见，未来大部分产业将成为数字化产业或与数字化技术深度融合的产业，数据将成为企业的战略性资产和价值创造的重要来源。为加快数字化发展，充分发挥海量数据和丰富应用场景优势，促进数字技术与实体经济深度融合，赋能传统产业转型升级，催生新产业新业态新模式，壮大经济发展新引擎，一方面可以推动数字产业化发展并建立绿色低碳基础数据平台，培育壮大人工智能、大数据、区块链、云计算、网络安全等新兴数字产业，同时在各数字化行业建立产品全生命周期绿色低碳基础数据平台，统筹绿色低碳基础数据和工业大数据资源，建立数据共享机制，推动数据汇聚、共享和应用，另一方面推动数字化智能化绿色化融合发展，打造面向产品全生命周期的数字孪生系统，以数据为驱动提升行业绿色低碳技术创新、绿色制造和运维服务水平，实施"上云用数赋智"行动，推动数据赋能全产业链协同转型，此外还可支持采用物联网、大数据等信息化手段开展信息采集、数据分析、流向监测、财务管理，推广"工业互联网＋再生资源回收利用"① 新模式。

第四节 鼓励生活方式和消费方式绿色化

"天人合一，道法自然；抱朴见素，少私寡欲。"习近平同志在党的二十大报告中强调："加快节能降碳先进技术研发和推广应用，倡导绿色消费，推动形成绿色低碳的生产方式和生活方式。"② 中华民族自古就有朴素绿色生活意识，也一直在践行取之有度、用之有节的生活理念，当前这种绿色发展理念对中国的发展进步更为重要，因为要在人均拥有资源量较少的情况下，实现中华民族的伟大复兴，就必须实现生活方式和消费方式绿色化。

一 鼓励生活方式和消费方式绿色化的意义

生活方式绿色化的基本内涵是节约资源和保护环境，其外延是人们在衣食住行游等生活领域中节约资源和保护环境的社会主义的生活方式。消费方式绿色化是指一种以适度节制消费，避免或减少对环境的破坏，崇尚自然和保护生态等为特征的新型消费行为和过程，不仅包括绿色产品，还包括物资的回收利用，能源的有效使用，对生存环境、物种环境的保护等。

近年来，随着经济快速发展、人民生活水平不断提高，我国已进入消费需求持续增长、消费拉动经济作用明显增强的重要阶段，绿色消费等新型消费具有巨大发展空间和潜力。与此同时，过度消费、奢侈浪费等现象依然存在，绿色的生活方式和消费模式还未形

---

① 参见《工业和信息化部关于印发〈"十四五"工业绿色发展规划〉的通知》，中央政府门户网站，2021 年 12 月 3 日，http：//www.gov.cn/zhengce/zhengceku/2021－12/03/content_5655701.htm。

② 习近平：《高举中国特色社会主义伟大旗帜 为全面建设社会主义现代化国家而团结奋斗——在中国共产党第二十次全国代表大会上的报告》，人民出版社，2022，第 50 页。

成，加剧了资源环境瓶颈约束。转变传统的粗放型发展模式和不可持续的生活方式，促进生产方式和消费方式绿色化，既是传承中华民族勤俭节约传统美德、弘扬社会主义核心价值观的重要体现，也是顺应消费升级趋势、推动供给侧结构性改革、培育新的经济增长点的重要手段，更是缓解资源环境压力、建设生态文明的现实需要。

推动生活方式和消费方式绿色化，既是传承中华民族勤俭节约传统美德的必然选择，也是弘扬社会主义核心价值观的重要体现。健康纯粹、简朴有序一直是中国文人雅士所向往和推崇的生活方式。《论语·述而第七》中说："子钓而不纲，弋不射宿。"①《吕氏春秋·义赏》中说："竭泽而渔，岂不获得？而明年无鱼；焚薮而田，岂不获得？而明年无兽。"② 这些都说明中华民族自古就有自然资源要取之以时、取之有度的思想，对当前中国人民的生活方式具有极为重要的现实意义。生活方式和消费方式的绿色化不仅是对中华优秀传统文化的继承与发扬，而且是积极构建先进生态文化的体现，既有助于帮助人们塑造绿色生活理念，提升人们自身生活品质，又有利于人与自然和谐长久发展，创建有利于生态环境、有利于子孙后代可持续发展的绿色生活方式和绿色消费方式。

推动生活方式和消费方式绿色化，既是顺应时代发展、促进经济转型之需，也是社会主义生态文明建设的实践任务和重要目标。党的十八大以来，习近平总书记对绿色生活方式和消费方式进行了全面、系统的阐述，并在实践中积极引导广大人民群众践行绿色生活方式。习近平同志在党的十九大报告中提出"倡导简约适度、绿色低碳的生活方式"③；2018 年 5 月在全国生态环境保护大会上，

---

① 杨伯峻译注：《论语译注》，中华书局，1980，第 73 页。
② （秦）吕不韦：《吕氏春秋集释》，中华书局，2009，第 329 页。
③ 习近平：《决胜全面建成小康社会 夺取新时代中国特色社会主义伟大胜利——在中国共产党第十九次全国代表大会上的报告》，人民出版社，2017，第 51 页。

习近平总书记进一步指出，"生态环境问题归根结底是发展方式和生活方式问题"①；新冠疫情发生后，习近平总书记强调，"要发动群众开展环境卫生专项整治，教育引导群众养成良好卫生习惯，提倡文明健康、绿色环保的生活方式"②；在党的十九届五中全会上要求"十四五"时期"生产生活方式绿色转型成效显著"③，要求 2035 年"广泛形成绿色生产生活方式"④。在 2023 年 7 月召开的全国生态环境保护大会上，习近平总书记再次强调了"加快形成绿色生产方式和生活方式，厚植高质量发展的绿色底色"⑤ 对于建成美丽中国的重要意义，因此需要增强全党全国各族人民推进生态文明建设的积极性和主动性。贯彻绿色发展理念不仅需要国家从宏观层面推广科技含量高、资源消耗低、环境污染少的生产方式，而且需要全国人民齐心协力共同落实绿色生活新理念，在日常生活中主动为节约资源、保护环境而努力。全国 14 亿人，每个人少用一个塑料袋，节约一度电、一滴水、一粒粮食等加起来就会取得显著的资源节约和环境改善成效。因此，公众生活方式和消费方式的绿色化，能够促使生产领域和消费领域的绿色化，有利于减少资源严重浪费与过度消费现象，有利于遏制攀比性、炫耀性、浪费性行为的日益增长。

二　鼓励生活方式绿色化的实践路径

19 世纪中叶以来，生活方式开始作为科学概念出现在学术著作

---

① 《习近平谈治国理政》第 3 卷，外文出版社，2020，第 361 页。
② 中共中央党史和文献研究院编《十九大以来重要文献选编》（中），中央文献出版社，2021，第 471 页。
③ 中共中央党史和文献研究院编《十九大以来重要文献选编》（中），中央文献出版社，2021，第 792 页。
④ 中共中央党史和文献研究院编《十九大以来重要文献选编》（中），中央文献出版社，2021，第 790 页。
⑤ 《习近平在全国生态环境保护大会上强调：全面推进美丽中国建设 加快推进人与自然和谐共生的现代化》，中央政府门户网站，2023 年 7 月 18 日，https://www.gov.cn/yaowen/liebiao/202307/content_ 6892793. htm? type=9。

中。马克思恩格斯在创建历史唯物主义时，把生产方式和生活方式两个概念同时提出，在社会生产的每个时代，都有"这些个人的一定的活动方式，是他们表现自己生命的一定方式、他们的一定的生活方式"①。依据马克思主义基本原理，如果没有人类满足自身生存、发展、享受需要的生活活动即一定的生活方式，也就没有人类自身的生产和再生产，整个社会就不可能发展。人类社会的历史表明，生产力越发展，科学技术越进步，人们生活的空间和时间也就越扩大和增多，人们的主体性在社会发展中的作用越增强，生活方式在社会的生产和再生产中的地位就越高、作用就越大。进入 21 世纪以来，面对当前日益严峻的生态危机，为了实现可持续发展，发达国家和地区掀起了以新能源为代表的低碳绿色经济变革，绿色发展和绿色生活逐渐成为时代潮流。自党的十八大以来，以习近平同志为核心的党中央主动回应世界绿色发展和绿色生活的时代浪潮，在领导社会主义生态文明建设的伟大实践中，对生活方式绿色化进行了系统论述，为美好生活的实现和美丽中国的建成提供了指引。

勤俭节约的生活方式。"历览前贤国与家，成由勤俭破由奢。"勤俭节约既是中华民族的传统美德，也与我国人均资源占比相对较低的国情有关。一方面，从《尚书》提出的"克勤于邦，克俭于家"，到诸葛亮崇尚"静以修身，俭以养德"，再到《朱子治家格言》叮嘱"一粥一饭，当思来之不易"，诸多古训格言都彰显了崇俭抑奢的中华传统美德。另一方面，尽管我国已经实行改革开放 40 余年，物质资源极大丰富，但也要学会取之有度、珍惜资源、保护环境，从长远出发，为我们的子孙后代负责。习近平总书记在主持中共十八届中央政治局第四十一次集体学习时就推动形成绿色发展方式和生活方式提出六项重点任务强调："生态文明建设同每个人息息

---

① 《马克思恩格斯文集》第 1 卷，人民出版社，2009，第 520 页。

相关，每个人都应该做践行者、推动者。要加强生态文明宣传教育，强化公民环境意识，推动形成节约适度、绿色低碳、文明健康的生活方式和消费模式，形成全社会共同参与的良好风尚。"① 因此，我们要树立尊重自然、保护自然、积极健康的生活理念，在人与自然和谐共处的前提下，从日常生活中的小事着手，逐步培育绿色化的生活方式。

绿色低碳的生活方式。绿色低碳的生活方式是指生活作息时所耗用的能量要尽力减少，从而降低含碳物质的燃烧，对于我们普通人来说是一种生活态度，人人皆可做到。党的十八大以来，在习近平总书记的倡导和引领下，绿色发展理念和绿色低碳生活方式深入人心。首先，在日常生活中，我们可从衣食住行等方面，践行低碳生活理念与低碳生活方式，注意节电、节油、节气、节水，节约一切能源和资源，通过减少二氧化碳的排放量，减少对大气的污染，减缓生态恶化，缓解温室效应。全国节能宣传资料显示，白炽灯使用1小时的碳排放高达40克，使用LED灯等高效节能灯1小时碳排放可减至11克以下；每减少1张A4纸的使用，可以降低碳排放约12.67克；减少搭电梯上下一层楼就可减少碳排放约218克；夏天空调温度每调高2℃就可以节电约20%。其次，还可减少一次性产品的使用，如重复使用塑料袋购物或用环保袋代替塑料袋，我国每年塑料废弃量超过100万吨，每生产1个塑料袋平均增加碳排放约0.1克。众所周知，塑料的原料主要来自不可再生的煤、石油、天然气等矿物能源，因此，减少塑料袋的使用就是节约地球能源。此外，还可购买本地的产品减少在产品运输时产生的二氧化碳。总之，绿色低碳生活方式既是每一个公民追求美好生活的必由之路，也是生态文明建设的关键环节。

---

① 《习近平谈治国理政》第2卷，外文出版社，2017，第396页。

三 鼓励消费方式绿色化的实践路径

自 20 世纪 80 年代末期以来，全球绿色消费运动开始被国际社会所接受，成为公众广泛参与环境和生态保护的消费方式，绿色消费观也应运而生。中国消费者协会的市场调查资料显示，有 79% ~ 84% 的消费者愿意主动购买绿色食品。推动消费方式绿色化是一项长期复杂的行动，要加强对绿色消费的宣传和教育，大力推动消费理念绿色化，要严格规范人们的消费行为，引导消费者自觉践行绿色消费理念，打造绿色消费主体，要严格控制市场准入，增加绿色产品的生产和有效供给，推广绿色消费品，要完善政策体系，构建长效机制，推动绿色消费理念成为社会共识，创设绿色消费环境。①

进一步强化绿色消费理念。绿色消费的兴起和发展对人的价值观念、消费观念、消费方式乃至人的生存方式带来了根本性变革，对人的发展关系重大。当前我国生态文明价值理念在全社会得到基本认同，全民生活方式绿色化的理念较之以往明显加强，消费方式绿色化的政策法规体系已经初步建立。2020 年 2 月，中共中央办公厅、国务院办公厅印发《〈关于构建现代环境治理体系的指导意见〉的通知》要求"引导公民自觉履行环境保护责任，逐步转变落后的生活风俗习惯，积极开展垃圾分类，践行绿色生活方式，倡导绿色出行、绿色消费"②，此外《中共中央 国务院关于加快推进生态文明建设的意见》《生态文明体制改革总体方案》《国务院关于积极发挥新消费引领作用加快培育形成新供给新动力的指导意见》《关于促进绿色消费的指导意见》等文件的出台进一步说明我国绿色消费理念得到了制度保障。可见，政府在强化绿色消费理念方面发挥着较为

---

① 参见叶冬娜《中国特色社会主义生态文明建设研究》，人民出版社，2022，第 200 页。
② 中共中央党史和文献研究院编《十九大以来重要文献选编》（中），中央文献出版社，2021，第 425 页。

关键的作用，一方面政府可以以身作则并制订相关宣传计划大力倡导适度消费，通过节能型的消费选择向市场发出价格与需求的激励信号，促进能源节约型产品的生产与服务；另一方面政府可以在教育上进行宣传引导，将节约型消费、绿色低碳生活方式内化于青少年的意识之中。其次，可充分发挥新闻媒体在消费领域的引导作用，引导消费者绿色消费，低碳生活，并将其作为一种全新的时尚的生活方式在社会中进行传播，通过创造一些绿色消费热点促进绿色消费，传播低碳生活方式。只有人民意识到资源节约与良好生态环境的重要性，并在日常生活中养成简约适度、绿色低碳的生活方式和消费方式，自觉建立节约型消费模式，资源节约型社会才有可能实现。

　　增加绿色产品供给，鼓励绿色产品消费。首先，推动绿色产品供给平台的搭建，提供面向农村地区的绿色产品，丰富产品服务种类，拓展绿色产品农村消费市场，形成绿色批发市场、绿色商场、节能超市、节水超市、慈善超市等绿色流通主体。其次，作为绿色产品供应者的企业，可加大绿色产品研发投入，为消费者提供物美价廉的实用性绿色产品。此外，政府可通过制定产品绿色化标准，提高企业市场准入门槛，在强制令环境影响大的产品退出市场的同时，运用税收减免、补贴、绿色金融等经济手段扶持绿色产业。

第三章
系统开展生态保护

党的十八大以来，以习近平同志为核心的党中央高度重视社会主义生态文明建设，把生态文明建设作为统筹推进"五位一体"总体布局和协调推进"四个全面"战略布局的重要内容。坚持节约资源和保护环境的基本国策，坚持绿色发展，把生态文明建设融入经济建设、政治建设、文化建设、社会建设各个方面和全过程，加大生态环境保护力度，推动生态文明建设在重点突破中实现整体推进。① 习近平总书记在多个场合对生态文明进行深刻论述，并就系统开展生态环境保护和生态文明建设作出指示。

第一节 建构系统完整的生态文明体系

建构生态文明体系是党和国家经济社会发展布局的重要组成部分，习近平总书记把生态文明体系建构既作为发展目标，也作为发展方式，在不同场合发表了相关的一系列重要讲话，对生态文明体系的建构作出了系统、全面、科学的部署。建构完整的、全方位的生态文明体系也是习近平生态文明思想的一大重要内容。

习近平总书记在北京考察工作时提出，"环境治理是一个系统工

---

① 参见中共中央文献研究室编《习近平关于社会主义生态文明建设论述摘编》，中央文献出版社，2017，第43页。

程，必须作为重大民生实事紧紧抓在手上"①。必须按照系统思维，全方位、全地域、全过程加强生态环境保护建设。从系统的视角来看，生态环境是一个复杂而脆弱的系统，各个组成部分之间相互依存、相互影响。因此，我们不能孤立地看待和解决环境问题，而应该从整体出发，统筹考虑生态系统的各个要素和过程，确保各项措施之间的协调性和一致性。

一 建构生态文明体系，需要深刻把握系统思维

习近平总书记关于加强生态文明建设顶层设计和整体谋划、统筹山水林田湖草沙系统治理生态环境、携手构建人类命运共同体破解生态危机的论断蕴含着深刻的系统思维方法。新时代建构生态文明体系，必须坚持系统观念，按照生态系统的整体性、系统性及内在规律，着力完善生态文明领域统筹协调机制，处理好各个方面的发展与生态文明体系建构的关系，推动实现人与自然和谐共生。

生态文明中蕴含着系统的哲学意蕴，从本质上体现着系统性、整体性的观念，因为生态文明本身就是具有统一性的系统整体，包含着各个部分和要素。在人类社会中，生态文明与经济文明、社会文明共同构成了相互作用的系统整体，生态文明体系的建构要求追求经济、社会和生态的协同进步，要求深刻把系统思维方法贯穿于生态文明建设过程中。生态文明建设是一项系统的工程，因为它具有系统论的主要特征。

生态文明建设具有整体性。整体性是系统思维的首要特征。所谓系统就是指具有不同性质的要素和子系统协调构成整体，系统的整体性要求在系统中的各个要素相互协调，按照一定的秩序有机结合从而实现总体功能大于部分功能之和的效果。此外，系统的各个

---

① 中共中央文献研究室编《习近平关于社会主义生态文明建设论述摘编》，中央文献出版社，2017，第51页。

组成部分和整体之间相互依存，部分脱离系统整体就会失去其所具有的功能和性质。构成生态文明的要素和子系统有很多，需要协调各个部分，推动整体发展。生态文明不是一个抽象的概念，而是具有确定的内容和要求的一个系统。生态文明的整体性体现在各个要素之间相互作用、相互制约，在生态文明系统中，人、动物、植物、自然、社会、经济和政治等方面都是相互联系、相互影响的。

生态文明建设具有结构性。生态文明建设是一项庞大的系统工程，只有具有科学合理的结构才可以使各个要素发挥出最大作用。系统结构的科学与否直接影响系统内的各个要素是否能发挥出最大的作用，直接影响系统整体能否实现功能的最大化。生态文明系统是由物质文明、精神文明、政治文明、社会文明以及生态文明构成的，生态文明建设的内容涵盖政治、经济、文化和社会生活等多个维度，生态文明建设从文明的视角来看又包括生态意识、生态法治和生态行为等方面，这都体现出生态文明系统的结构性特征，只有科学、系统地把握生态文明系统的结构性特征，才能推动生态文明系统整体的发展。

二　建构生态文明体系，需要统筹全局

生态文明建设涉及多方面的变革，生态文明是一个复杂的大系统，其建设更是一项综合性的系统工程，需要从整体布局。习近平总书记强调："要从系统工程和全局角度寻求新的治理之道，不能再是头痛医头、脚痛医脚，各管一摊、相互掣肘，而必须统筹兼顾、整体施策、多措并举，全方位、全地域、全过程开展生态文明建设。"① 生态文明建设需要加强顶层设计，统筹全局发展，长远谋划未来。党的十八大以来，生态文明建设的战略地位更加突出，习近平总书记深刻认识到生态文明建设的重要性，为生态文明建设统筹

---

① 《习近平谈治国理政》第 3 卷，外文出版社，2020，第 363 页。

国内外全局，并作出宏观的规划。生态文明建设不仅要进一步推动生态环境的改善，而且要将生态文明理念深刻融入经济建设、政治建设、文化建设、社会建设的各个方面和全过程。习近平总书记在广东考察工作时指出："这些工作应该融入工业化、信息化、城镇化、农业现代化过程中，要同步进行，不能搞成后再改造。"①

生态文明成为人类文明新形态的鲜明特质，这就更加需要统筹全局，建构生态文明体系，将生态文明建设深刻融入各个发展层面，从全局角度统筹发展，系统把握各个方面对生态文明建设的影响并将生态保护放在国家发展全局中的重要位置。这不仅关乎国内政治经济社会的长远发展，而且关乎全人类文明发展进步。生态文明建设事关中华民族永续发展，事关民生福祉提升，事关美丽中国建设，事关人类命运共同体构建。

生态文明建设是一项系统社会工程。生态文明建设是一项全方位、系统性的工作，需要多方主体的努力，包括政府、企业和人民群众的共同努力与协调。推动生态体制改革和生态文明建设需要政治建设、经济建设和文化建设的相互配合。然而，当前仍存在诸多治理难点，现行的生态体制管理仍存在些许漏洞，权威性与行动性不够，各种部门管理问题、职能错乱等现象突出，很容易陷入监管困难、执行力不足等境地，造成生态环境治理能力弱、治理效果差等后果。

习近平总书记提出把生态文明建设看成系统的社会工程，"把生态文明建设放在突出的战略位置，融入经济建设、政治建设、文化建设、社会建设各方面和全过程，协同推进新型工业化、信息化、城镇化、农业现代化和绿色化"②。习近平总书记洞察到生态环境保

---

① 中共中央文献研究室编《习近平关于社会主义生态文明建设论述摘编》，中央文献出版社，2017，第 43 页。

② 中共中央文献研究室编《十八大以来重要文献选编》（中），中央文献出版社，2016，第486 页。

护工程的复杂性和整体性后提出的新的发展战略，从系统的视角统筹全局，更全面、系统地解决生态环境治理中存在的难题。将生态文明建设置于全面深化改革的顶层设计和总体规划中，强调要注重系统性、整体性、协同性，统筹谋划、协同推进，防止单兵突进、顾此失彼。

习近平总书记指出："生态是统一的自然系统，是相互依存、紧密联系的有机链条。人的命脉在田，田的命脉在水，水的命脉在山，山的命脉在土，土的命脉在林和草，这个生命共同体是人类生存发展的物质基础。"① 他把人、田、水、山、土、林、草等因素有机地联系起来。因此，"如果种树的只管种树、治水的只管治水、护田的单纯护田，很容易顾此失彼，最终造成生态的系统性破坏"②。要对生态环境进行系统治理，就需要统一保护、统一修复，要从整体上去认识、分析、解决生态环境问题。只有坚持山水林田湖草沙一体化保护和系统治理，并"协同推进降碳、减污、扩绿、增长"③，才能建设良好的生态文明，真正为人民谋福祉。

另外，我们过去更多地关注陆地和天空的生态环境质量，对生态系统脆弱性明显的海洋生态环境的关注度不够。习近平总书记指出："要下决心采取措施，全力遏制海洋生态环境不断恶化趋势，让我国海洋生态环境有一个明显改观，让人民群众吃上绿色、安全、放心的海产品，享受到碧海蓝天、洁净沙滩。"④

生态文明建设是经济、政治、文化、社会、生态的整体建设，

---

① 《习近平著作选读》第2卷，人民出版社，2023，第173页。
② 《习近平著作选读》第1卷，人民出版社，2023，第174页。
③ 习近平：《高举中国特色社会主义伟大旗帜 为全面建设社会主义现代化国家而团结奋斗——在中国共产党第二十次全国代表大会上的报告》，人民出版社，2022，第50页。
④ 中共中央文献研究室编《习近平关于社会主义生态文明建设论述摘编》，中央文献出版社，2017，第46页。

需要运用法律、行政、市场、技术等各种手段推进海陆空整体协同治理。生态环境保护涉及生产方式和生活方式的根本性变革，包括价值、组织、制度和技术等各个领域、各个层面的变革，必须综合运用各种手段加强生态环境保护。

三　建构生态文明体系，需要协调各个方面

生态文明系统中包含着各个部分和要素，各个部分和要素之间相互协调、相互联系形成生态文明系统这一整体。习近平总书记在全国生态环境保护大会上强调，要"加快构建生态文明体系。加快解决历史交汇期的生态环境问题，必须加快建立健全以生态价值观念为准则的生态文化体系，以产业生态化和生态产业化为主体的生态经济体系，以改善生态环境质量为核心的目标责任体系，以治理体系和治理能力现代化为保障的生态文明制度体系，以生态系统良性循环和环境风险有效防控为重点的生态安全体系"[1]。生态文明体系是习近平生态文明思想指导实践的具体成果，是对生态文明建设战略任务的具体部署。五大体系相辅相成，共同构成新时代生态环境保护和生态文明建设的全局性、根本性对策体系。"生态文化体系是基础，生态经济体系是关键，目标责任体系是抓手，生态文明制度体系是保障，生态安全体系是底线。"[2]

一是建构以生态文明价值观念为准则的生态文化体系。将生态文明观教育融入社会主义核心价值观培育之中。生态文明价值观在调整人与自然的关系中具有重要作用，人类的价值观会直接影响对待自然生态的行为，所以要建构生态文明体系就必须坚持树立尊重自然、顺应自然、保护自然的社会主义生态文明观，将生态文明价值观念推广到社会各个层面。

---

[1]　《习近平谈治国理政》第3卷，外文出版社，2020，第366页。
[2]　任勇：《加快构建生态文明体系》，《求是》2018年第13期，第50~51页。

生态文化是以人与自然和谐为核心的文化，取代的是那种以人类为中心、以自然为征服对象的文化，是一种基于生态意识和生态思维，以生态文明价值观为核心的文化体系。它包括生态意识、生态思维、生态伦理、生态道德等多个方面，它是解决人与自然关系问题的思想观点。生态文化是一种先进的文化，是人类文化发展前进的方向。只有从文化层次上对人们的观念进行调整，并形成一种以保护生态环境为主的思想体系，才能从根本上提高和保证生态环境保护的自觉性。只有通过生态文化建设，使绿色发展理念深入人心，渗透到人们的行为意识中去，才能使人们在生产生活实践中自觉地调整行为，达到经济社会发展与生态环境保护的协调统一。

二是建构以产业生态化和生态产业化为主体的生态经济体系。生态环境保护的重点和难点就在于经济结构和经济发展方式层面，在工业文明后，生态环境面临严峻的挑战，生态环境的保护工作要求实现经济发展模式的升级和转型。《中共中央关于制定国民经济和社会发展第十四个五年规划和二〇三五年远景目标的建议》对于"经济社会发展全面绿色转型"①作出重大战略部署，以生态产业化、产业生态化为途径加快建构绿色产业体系，探索生态产品价值实现路径，发掘良好生态中蕴含的经济价值，推动生态与经济双赢，实现人与自然和谐共生。建构生态化的经济产业体系也是建构生态与经济双赢的体系，要将生态文明深刻融入经济结构和经济发展方式中。着力推动全面绿色发展，加快建构绿色产业体系，调整产业结构、能源结构和提升创新技术，实现产业生态化改造。

三是建构以改善生态环境质量为核心的目标责任体系。我们下大力气保护生态环境的出发点和最终目的就是提高生态环境质量，提供更多优质生态产品以满足人民日益增长的优美生态环境需要，

---

① 中共中央党史和文献研究院编《十九大以来重要文献选编》（中），中央文献出版社，2021，第806页。

最终筑牢中华民族永续发展的基础。建构目标责任体系是中国特色社会主义制度特征和优势的集中体现。党的十八大以来，在以习近平同志为核心的党中央的坚强领导下，生态环境保护发生了历史性、转折性、全局性变化。中央生态环境保护督察、党政同责、一岗双责、严肃问责追责等制度实践反复证明，只要各地区、各部门坚决维护党中央权威和集中统一领导，坚决担负起生态文明建设的政治责任，只要地方各级党委和政府主要领导成为本行政区域生态环境保护第一责任人，做到守土有责、守土尽责，分工协作、共同发力，只要建立科学合理的考核评价体系，将考核结果作为各级领导班子和领导干部奖惩和提拔使用的重要依据，只要对那些损害生态环境的领导干部，真追责、敢追责、严追责，做到终身追责，只要有一支生态环境保护铁军，生态环境保护和生态文明建设就能取得实实在在的效果，实现党和人民预期的目标。

四是建构以治理体系和治理能力现代化为保障的生态文明制度体系。加强生态文明建设，推动生态治理体系与治理能力现代化，制度体系建设是根本着力点。近年来，党和国家不断提高生态文明制度体系建设的重要性，确立了生态文明制度体系建设在全面深化改革中的地位，率领全党和全体人民，推动生态文明体制改革，补齐制度体系短板。生态文明制度体系建设是中国特色社会主义制度建设的题中应有之义，建构系统完整的生态文明制度体系是生态治理和生态文明建设的关键着力点，有助于生态环境治理工作的整体推进。

生态文明制度体系要落实到生态环境保护、生态治理和污染防治等各个具体方面，要健全严格的生态环境监测机制，形成强有力的生态文明制度执行机制。重视补齐生态治理制度的短板，推动治理能力和治理水平现代化，建立健全环境保护的法律制度和加强绿色生产生活的政策引导。生态文明制度体系是一个完整的系统，不仅包含正式的法律制度及相关的体制机制，还包含一系列非正式的规则与理念约束，这就要求生态文明制度体系建设必须遵循整体性的原则，从系统工程的整体出发推进各个环节的治理制度的建设，最终形成完整精密的制度治理体系。

五是建构以生态系统良性循环和环境风险有效防控为重点的生态安全体系。生态系统的良性循环是生态平衡的基本特征，是生态安全的标志，也是人与自然和谐的象征。建设美丽中国，就是要让中华大地上各类生态系统具有合理的规模、稳定的结构、良性的物质循环、丰富多样的生态服务功能。当前，我国仍处于环境风险高峰平台期，长期积累的生态破坏、环境污染对人民群众生产生活造成严重影响的事件高发频发。我国生态安全体系建设，必须牢固树立底线思维，把生态环境风险纳入常态化管理，系统建构全过程、多层级生态环境风险防范体系。一是降低生态系统退化风险，通过实施国土空间用途管制和生态保护红线制度、采取生态系统修复和保护措施，确保物种和各类生态系统的规模与结构的稳定，提升生态服务功能水平。二是防范和化解生态环境问题引发的社会风险，维护正常生产生活秩序。

第二节　统筹山水林田湖草沙系统治理

统筹山水林田湖草沙系统治理是习近平生态文明思想的重要内容，关系人与自然和谐共生，关乎生态安全稳定和美丽中国建设进程。2013 年，习近平总书记创造性地提出了"山水林田湖是一个生命共同体"①；2017 年，将"草"纳入生命共同体的体系之中；而在2021 年全国"两会"期间，习近平总书记参加内蒙古代表团审议时强调："要统筹山水林田湖草沙系统治理，这里要加一个'沙'字。"②

---

① 《习近平著作选读》第 1 卷，人民出版社，2023，第 173 页。
② 本书编写组编《习近平的小康情怀》，人民出版社，2022，第 588 页。

山水林田湖草是一个生命共同体，习近平总书记指出，"生态是统一的自然系统，是相互依存、紧密联系的有机链条。人的命脉在田，田的命脉在水，水的命脉在山，山的命脉在土，土的命脉在林和草，这个生命共同体是人类生存发展的物质基础"①，"用途管制和生态修复必须遵循自然规律，如果种树的只管种树、治水的只管治水、护田的单纯护田，很容易顾此失彼，最终造成生态的系统性破坏"②。因此，对山水林田湖草沙进行统一保护和统一修复是十分必要的。

一　山水林田湖草是生命共同体的哲学内涵

在习近平总书记的重要讲话中，"生命共同体"概念常常在两种语境下出现：一是对人与自然关系的描述，"人与自然是生命共同体"；二是对自然界诸要素关系的描述，"山水林田湖草是生命共同体"。这两种对"生命共同体"概念的阐释既相互联系又相互区别。从概念范畴上言，后者被前者所蕴含，两种语境下所描述的都是人与自然之间整体性、系统性的关系；从具体内容上言，前者侧重于从理论维度阐释人与自然和谐共生的关系，后者侧重于从实践维度分析生态诸要素系统治理的方法，分别为我国生态文明建设提供了理论依据与实践依据。

"生命共同体"概念所描述的是人与自然和谐共生的关系，习近平总书记指出："大自然是人类赖以生存发展的基本条件。"③ 这既是对中华优秀传统文化中"天人合一""道法自然"等生态思想的创造性继承，也是对马克思主义自然观的创新性发展。"人与自然

---

① 《习近平著作选读》第 2 卷，人民出版社，2023，第 173 页。
② 《习近平著作选读》第 1 卷，人民出版社，2023，第 173 页。
③ 习近平：《高举中国特色社会主义伟大旗帜　为全面建设社会主义现代化国家而团结奋斗——在中国共产党第二十次全国代表大会上的报告》，人民出版社，2022，第 49 页。

是生命共同体"论述主要包含以下几方面的含义。

第一，人与自然的同体性关系。人是自然界的一部分，是自然界发展到一定阶段的产物，人类的身体器官与自我意识都是经过自然界长期演化所形成的，人是自然之子，自然界创造了人类。中华优秀传统文化历来主张"天人合一"，人与自然和谐共生的终极目标是天、地、人为一体。董仲舒在《春秋繁露·深察名号》中指出"天人之际，合二为一"，天是大自然，人就是人类，人类与自然界本身就是一体的、是相互融合的。在《1844 年经济学哲学手稿》中，马克思恩格斯提出了人与自然的同一性观点，马克思指出，"人直接地是自然存在物"[①]。从物质性上言，自然界是先于人类存在的，恩格斯在《自然辩证法》中从生物进化的角度论证了人类是如何从自然界中发展进化而来的。人本身就是自然界的产物，这是人的自然属性。

第二，人对自然的依赖性关系。人类作为一种生命存在，自然界是其赖以生存的基础，自然界为人类提供了物质生活资料，同时也是人类精神生产的前提与基础，因此马克思称自然界"是人的无机的身体。人靠自然界生活。这就是说，自然界是人为了不致死亡而必须与之处于持续不断的交互作用过程的、人的身体"[②]。自然界也是人的精神的无机界，"是人必须事先进行加工以便享用和消化的精神食粮"[③]。老庄哲学中"天地父母"的思想所表现的也是人对自然的依赖性关系，他将这种依赖性关系比喻为子女和父母的关系。"天下有始，以为天下母。既知其母，又知其子。"（《老子》第五十二章）天地生养万物，是人类的衣食之源、生存之本，所以人类对天地应该像对父母一样抱有感恩之心。

---

① 《马克思恩格斯文集》第 1 卷，人民出版社，2009，第 209 页。
② 《马克思恩格斯文集》第 1 卷，人民出版社，2009，第 161 页。
③ 《马克思恩格斯文集》第 1 卷，人民出版社，2009，第 161 页。

　　第三，人与自然的对象性关系。马克思认为，人与自然的对象性关系是受动性与能动性的统一。在《1844 年经济学哲学手稿》中，马克思提出："人作为自然存在物，而且作为有生命的自然存在物，一方面具有自然力、生命力，是能动的自然存在物；这些力量作为天赋和才能、作为欲望存在于人身上；另一方面，人作为自然的、肉体的、感性的、对象性的存在物，同动植物一样，是受动的、受制约的和受限制的存在物，就是说，他的欲望的对象是作为不依赖于他的对象而存在于他之外的。"①　人与自然的对象性关系给予生态文明建设的启示就是，人类必须尊重自然、顺应自然、保护自然，只有这样才能确保人类自身的生存与发展，人类对自然界的改造既要遵循自然规律又要重视所带来的问题，否则自然界会对人类产生"复仇效应"，从而限制人类社会的发展。

　　"生命共同体"概念描述了生态诸要素之间的关联，将自然界看成由各种生物相互依存、相互制约而组成的生态系统，并且，习近平总书记在此基础上，提出了以系统性和整体性为特征的生态治理观，将系统哲学、生态科学的最新研究成果应用于生态环境的治理之中，这是对唯物辩证法的最新发展和应用。

　　系统论是唯物辩证法中的重要内容，其基本思想是将世界作为一个整体系统来对待，其本质特征在于物质间的整体性和相关性。系统在宇宙中普遍存在，恩格斯说："我们所接触到的整个自然界构成一个体系，即各种物体相联系的总体，而我们在这里所理解的物体，是指所有的物质存在，从星球到原子，甚至直到以太粒子，如果我们承认以太粒子存在的话。"②　从世界观上言，系统论指出世界上不存在互不相关的事物，一个事物与其他事物之间、事物内部的诸要素之间都是相互联系的，因而所有的事物都处于系统之中；

---

① 《马克思恩格斯文集》第 1 卷，人民出版社，2009，第 209 页。
② 《马克思恩格斯文集》第 9 卷，人民出版社，2009，第 514 页。

从方法论上言，系统论指出人们在实践中应从系统的整体性和要素间的相关性出发，全面认识整体与部分、结构与功能、机体与环境等特性，从而把握事物的本质。

"生命共同体"概念从理论建构和现实路径上继承和发展了系统论的主要观点。一方面，将山水林田湖草沙这一链条看成一个有序的整体，并将人类置于这一系统之中，强调了人类与自然界的其他要素之间唇齿相依的共生关系。习近平总书记提出："生态是统一的自然系统，是相互依存、紧密联系的有机链条。"① 另一方面，习近平总书记以"生命共同体"概念为基础，提出了生态治理观。他认为对生态系统的治理要用系统论的思想方法看问题，切忌"顾此失彼"②。"生命共同体"概念的提出，真正改变了长久以来治山、治水、护田等多部门各自为战的工作格局，开创了生态系统诸要素整体保护、综合治理、系统修复的治理模式。山水林田湖草生命共同体是指不同立地水分条件下，森林、农田、湖泊、草原各种生态系统在合理有效的管理和利用下形成的统一体。一个区域经济和社会的发展，离不开该地区生态系统的支撑，各个生态系统又相互联系、相互促进。例如，农田主要向人类提供食物，而健康的农田生态系统离不开森林、草原和湖泊对环境和气候变化的调节作用。山水的保护是所有生态系统得以维持的根本。习近平总书记关于发展长江经济带的指示就充分体现了这一思想，他指出，"长江经济带作为流域经济，涉及水、路、港、岸、产、城和生物、湿地、环境等多个方面，是一个整体，必须全面把握、统筹谋划"③。

---

① 《习近平谈治国理政》第 3 卷，外文出版社，2020，第 363 页。
② 中共中央文献研究室编《习近平关于社会主义生态文明建设论述摘编》，中央文献出版社，2017，第 29 页。
③ 中共中央文献研究室编《习近平关于社会主义生态文明建设论述摘编》，中央文献出版社，2017，第 69 页。

二　山水林田湖草沙系统治理的重要内容

作为生态系统的重要组成部分，山水林田湖草沙是人类生存及国家发展所依赖的重要基础，在有机质生产、环境净化、生物多样性维持、生态系统产品供给、气候调节、土壤保持、涵养水源、防风固沙、文化休闲娱乐等方面发挥着重要作用。因此，加快推进山水林田湖草沙系统治理，将有助于提升生态系统健康与永续发展水平，增加生态系统服务与产品供给，满足人民日益增长的优美生态环境需要，并为我国经济社会发展提供重要支撑。

山水林田湖草沙的质量与功能决定了区域可持续发展的潜力与方向。山水林田湖草沙既是绿水青山的基础，也是决定区域发展空间和资源环境承载力的重要因素。长期以来，我国区域经济发展主要依赖于资本、土地、劳动力、技术等生产要素的投入，常常忽略生态因素在经济增长中的作用。近年来，随着环境污染、生物多样性丧失、土地退化等大量问题的出现，社会各界开始反思生态环境与区域发展之间的关系。

山水林田湖草沙系统治理与绿色经济发展高度一致。当前，全世界大多数国家都在致力于推动绿色经济的发展，将其作为经济发展的重要抓手，提升国家竞争力和可持续发展，确立绿色经济发展的重点领域，优先加强绿色技术的研发。在绿色经济中占据优势能为自身的发展奠定更为牢固的基础，创造更大的发展空间。山水林田湖草沙系统治理是推进绿色经济发展的重要抓手，一方面，作为绿水青山的重要组成部分，通过合理开发利用山水林田湖草沙，实现其生态经济价值，能将其变为"金山银山"；另一方面，山水林田湖草沙系统治理能够有效推动绿色产业、绿色技术的发展，助力乡村振兴，形成新的经济增长点。例如，中国科学院在江西省吉安市千烟洲红壤丘陵综合开发试验站因地制宜，充分利用多种自然资源及每一寸土地，在土层瘠薄的山上种草种树、保持水土，在土壤条件较好的河谷滩地种植果树和粮食作物，在河谷间筑坝成塘、灌溉养鱼，成功打造了"丘上林草丘间塘，河谷滩地果鱼粮"的"千烟洲模式"。这一模式只用了 7～8 年时间就控制住水土流失，并使千烟洲居民收入达到当地农民收入的 2～3 倍，实现了生态环境与经济社会协同发展。①

统筹推进山水林田湖草沙系统治理，要在把握山水林田湖草沙整体性特征的前提下，科学认识生态系统交互过程与机理。2018 年中共中央、国务院印发的《关于全面加强生态环境保护 坚决打好污染防治攻坚战的意见》提出，要坚持山水林田湖草是生命共同体，生态环境是统一的有机整体，要全方位、全地域、全过程开展生态环境保护。然而，传统资源生态环境科学研究工作一般从水、土、气、生单方面展开，碎片化的治理方式很容易顾此失彼，无法顺应自然规律实现对生态环境整体保护和系统修复。统筹推进山水林田湖草沙系统治理，就要进一步加强基础研究，科学认识生态系统内部以及不同生态系统之间物质、能量交换过程，识别生态系统对气候变化和人类活动的响应机制、弹性与阈值，解析不同尺度下生态系统协同演化规律、退化机理与主控因素，为实现山水林田湖草沙系统的统筹共治提供科学依据。目前，我国很多科研机构通过对典型脆弱生态系统物质能量循环过程、机理开展全面深入研究，为区域生态系统修复与经济社会可持续发展提供了重要的科学依据。例如，在黄土高原水土流失与生态综合治理方面，中国科学院以安塞水土保持综合试验站等野外台站为依托，系统开展了黄土高原生态环境特征、演变规律及其对生态环境的影响，水土保持型生态农业系统结构功能及调控原理，流域健康诊断与管理理论及方法等研究，提

---

① 参见白春礼《以创新驱动提升山水林田湖草系统治理能力》，《中国绿色时报》2018 年 11 月 2 日。

出合理开发利用农业资源、改善生态环境、恢复重建退化生态系统的途径和措施，为黄土高原建立稳定、高效、持续发展的农业生态系统提供科学依据、途径和模式。[①]

统筹推进山水林田湖草沙系统治理，要在把握山水林田湖草沙区域性特征的前提下，因地制宜，发展生态修复绿色技术。我国幅员辽阔，不同区域的山水林田湖草沙及其退化成因明显不同，需要的修复治理技术也就不同。具体来说，我国东部地区生态资源相对丰富，社会经济发展条件相对较好，但工业高度集聚、人口密集、土水气多介质复合污染问题突出，已经对生态环境造成严重破坏；中西部地区分布了大量生态脆弱区，最为典型的是西北干旱区沙漠化、西南喀斯特石漠化、青藏高原高寒草地退化、北方农牧交错带土地沙化，占国土陆地面积70%以上。尽管我国近年来的生态治理取得了重要进展，但按目前的治理速度，与建成美丽中国目标还存在较大差距。因此，需要在系统治理及工程建设的总体要求下针对不同区域，因地制宜，发展生态修复绿色技术与装备，为不同区域统筹推进山水林田湖草沙系统治理提供技术支撑。

统筹推进山水林田湖草沙系统治理，要在把握山水林田湖草沙可持续性特征的前提下，促进生态治理与产业融合发展。党的十九大报告提出，"我们要建设的现代化是人与自然和谐共生的现代化，既要创造更多物质财富和精神财富以满足人民日益增长的美好生活需要，也要提供更多优质生态产品以满足人民日益增长的优美生态环境需要"[②]。山水林田湖草沙系统治理从本质上将生态文明建设与民生问题联系在一起。我国的生态脆弱区有75%位于曾经的贫困区，大多数分

① 参见白春礼《以创新驱动提升山水林田湖草系统治理能力》，《中国绿色时报》2018年11月2日。

② 习近平：《决胜全面建成小康社会 夺取新时代中国特色社会主义伟大胜利——在中国共产党第十九次全国代表大会上的报告》，人民出版社，2017，第50页。

布于内陆地区和江河源头地区，长期面临贫困和生态环境保护的双重压力。这些区域抗干扰能力弱，资源环境系统稳定性差，在气候变化与人为活动的双重影响下，生态系统服务功能低下，严重威胁区域生态安全和可持续发展。只有贯彻落实习近平总书记"两山论"，促进生态治理与产业融合发展，才能实现山水林田湖草沙的可持续治理。兼顾促进地方经济社会发展和统筹山水林田湖草沙系统治理需要技术创新、制度创新、模式创新等相结合，推动绿水青山转变为"金山银山"。

三 创新驱动山水林田湖草沙系统治理的实践策略

2020 年自然资源部办公厅、财政部办公厅、生态环境部办公厅联合印发了《山水林田湖草生态保护修复工程指南（试行）》，该指南全面指导和规范各地山水林田湖草生态保护修复工程实施，推动山水林田湖草一体化保护和修复。自然资源部生态修复司有关负责人表示，"这是我国第一个按照山水林田湖草是生命共同体理念系统指导生态保护修复实践、带有通则性的规范，为分级分类全过程构建国土空间生态保护修复标准体系奠定了基础"[①]。该指南明确，实施"山水工程"要遵循五方面保护修复原则，包括生态优先、绿色发展，自然恢复为主、人工修复为辅，统筹规划、综合治理，问题导向、科学修复，经济合理、效益综合。[②] 该指南的公布对于未来的山水林田湖草一体化保护和修复具有规划指导的意义，且我国的山水林田湖草生态保护修复工程试点已取得了初步的成效，在吸取试点工作的经验之后，将进一步推进更加长期和全面的保护和修复工作。

"十三五"时期，自然资源部、国家林业和草原局会同相关部门

---

① 本书编写组《中央和国家机关投身全面建成小康社会纪实》（上），人民出版社、新华出版社，2022，第 233 页。

② 参见《自然资源部办公厅 财政部办公厅 生态环境部办公厅关于印发〈山水林田湖草生态保护修复工程指南（试行）〉的通知》，自然资源部网站，2020 年 8 月 26 日，https://www.cgs.gov.cn/tzgg/tzgg/202009/t20200921_655282.html。

积极推进山水林田湖草一体化保护修复取得显著成效，相关工作主要有以下八个方面。

一是生态保护修复法律制度加快完善。配合立法机关完成了森林法、海洋环境保护法、防沙治沙法、土地管理法等多部法律修订工作。加快推进矿产、草原、自然保护地、野生动物保护、国土空间开发保护、空间规划等方面的立法修法进程。二是生态空间管控更加严格。多规合一的国土空间规划体系顶层设计和总体框架基本形成，各级国土空间规划和乡村规划正在抓紧编制。明确生态保护红线划定和管控规则，开展生态保护红线评估调整工作，自然生态空间用途管制规则、制度、机制初步建立。三是自然保护地体系建设稳步推进。开展国家公园体制试点，推进自然保护地整合优化，加快构建以国家公园为主体的自然保护地体系。"十三五"时期，全国自然保护地数量增加 700 多个，面积增加 2500 多万公顷，总数量达到 1.18 万个，约占我国陆域国土面积的 18%。四是山水林田湖草一体化保护修复取得重要成果。在全国重点生态功能区实施了 25 个山水林田湖草生态保护修复试点工程，为解决区域生态问题、提高区域生态系统质量和功能发挥了示范作用，为统筹推进山水林田湖草整体保护、系统修复、综合治理积累了实践经验。经中央全面深化改革委员会审议通过，《全国重要生态系统保护和修复重大工程总体规划（2021—2035 年）》印发实施，明确了今后一个时期生态保护修复工作的重点任务。五是国土绿化行动深入开展。加快大规模国土绿化，全面保护天然林，扩大退耕还林还草规模，国土绿化"十三五"规划主要任务全面完成，全国森林覆盖率达到23.04%，森林蓄积量超过175 亿立方米，草原综合植被覆盖度达到56%。六是生态保护修复重点专项行动和工程成效明显。实施蓝色海湾整治行动、海岸带保护修复工程、渤海综合治理攻坚战行动计划、红树林保护修复专项行动，同时还破解了黄海浒苔绿潮灾害防治的难题，治理区域海洋生态质量和功能得到提升。七是探索生态修复市场化投入机制。出台探索利用市场化方式推进矿山生态修复的意见，通过赋予一定期限的自然资源产权等政策，激励社会主体投入矿山生态修复；在全国部署全域土地综合整治试点，助力乡村振兴；制定鼓励社会资本参与生态修复政策，进一步推进多元化投入机制。八是生物多样性保护全面加强。生态保护红线涵盖了我国生物多样性保护的 35 个优先区域，覆盖了国家重点保护物种栖息地。实施濒危野生动植物抢救性保护，大熊猫、朱鹮、藏羚羊、苏铁等濒危野生动植物种群数量稳中有升；坚持统筹发展和安全，强化国土空间规划和用途管控，坚持系统观念，加快构建中国特色自然保护地体系，落实《全国重要生态系统保护和修复重大工程总体规划（2021—2035年）》，科学推进山水林田湖草一体化保护修复，加强生物多样性保护，提升生态系统质量和稳定性，为社会提供更多的优质生态产品。①

"十三五"时期我国山水林田湖草一体化保护修复取得了优异成绩，但与建成美丽中国目标要求还具有一定的距离。进一步推进山水林田湖草系统治理，需要持续推进生态治理技术创新，突破一批"卡脖子"技术，提升我国生态治理领域的技术保障能力，实现山水林田湖草系统治理的自主可控。例如，在生态系统数据采集与监测分析方面，要进一步完善野外台站布局，实现关键观测设备仪器及核心元器件的国产化，发展野外台站—无人机—航空航天立体观测网络以及多源数据同化融合算法与模型，建立山水林田湖草大数据平台，为山水林田湖草生态系统监测、演化机制与交互作用解析、生态系统弹性与阈值识别等基础研究提供支撑。在典型脆弱生态系统恢复重建方面，积极推动与新材料、高端制造、人工智能等领域先进技术的有机融合，发展流域水生态水环境治理修复技术、不同类型退化生态系统恢复技术等，为不同区域山水林田湖草的系统治理提供技术

---

① 参见《自然资源部：我国山水林田湖草一体化保护修复取得重要成果》，人民网，2020年 12 月 17 日，http://env.people.com.cn/n1/2020/1217/c1010－31970029.html。

支持。在生态系统空间优化布局方面，大力推进水—土—气—生多要素综合作用模拟技术、资源环境承载力安全评估与预警技术、区域可持续发展决策支持系统等研发，为实现人与自然和谐共生提供技术保障。[①]

需要大力推进生态文明制度创新，促进山水林田湖草生态价值的实现。在国家《生态文明体制改革总体方案》的指导下，针对山水林田湖草系统治理的需求，要尽快健全自然资源资产产权制度与空间规划体系，明确中央政府、地方政府、村集体、农户行使所有权、使用权的资源清单与空间范围，并依托遥感、无人机等空间信息技术推动山水林田湖草的确权进程以及用途的空间管制规划；尽快完善生态补偿制度，依据不同区域山水林田湖草的生态系统服务价值、流转过程以及消费影响，科学确定补偿标准与资金筹措方案；尽快推动绿色金融发展及服务体系建设，以生态空间使用权、生态系统服务收益权等为对象拓展绿色金融产品，着力解决绿色产业发展中的融资问题，实现山水林田湖草系统的可持续治理。

实施一批区域生态综合治理示范工程。根据《全国主体功能区规划》《全国生态功能区划》以及国家重大战略布局，选择青藏高原、西南喀斯特石漠化地区、西北干旱沙漠化地区、内陆河山地—绿洲—荒漠过渡带、东北农牧交错带、三江源地区、黄土高原、南方丘陵山区、冰冻圈等典型生态脆弱区以及京津冀协同发展区、长江经济带、粤港澳大湾区等国家优化开发区域，开展山水林田湖草系统治理示范工程建设；针对不同区域生态系统退化主控因素，研发、集成、装配一批针对性强、效率高、环保型、稳定性好的生态治理和恢复技术，通过技术示范、成果催化和科学引导，加快生态脆弱区及国家优化开发区域山水林田湖草系统治理速度；同时注重与区域可持续发展、乡

---

① 参见白春礼《以创新驱动提升山水林田湖草系统治理能力》，《中国绿色时报》2018 年 11 月 2 日。

村振兴有机结合，积极发展生态产业，创造绿色就业岗位，集中建设一批典型区域的山水林田湖草生态综合治理示范工程，向建成美丽中国目标方向挺进。

第三节　统筹城乡规划建设

所谓统筹城乡规划建设，是指要以整个社会发展全局为出发点，促进城乡的一体化发展，形成符合生态文明要求的新型城乡关系。2007年10月28日第十届全国人民代表大会常务委员会第三十次会议通过的《中华人民共和国城乡规划法》意味着城乡一体化规划已有法可依；党的十六大首次提出，把统筹城乡经济社会发展、促进农村经济发展作为全面建设小康社会的重大任务；党的十七大进一步明确要建立以工促农、以城带乡长效机制，形成城乡经济社会发展一体化新格局；党的十八大强调推动城乡发展一体化，就要加大统筹城乡发展力度促进城乡共同繁荣；党的十九大提出要按照产业兴旺、生态宜居、乡风文明、治理有效、生活富裕的总要求，建立健全城乡融合发展体制机制和政策体系，以加快推进农业农村现代化。这些论断呈现出党和国家对城乡统筹发展问题的重视与认识的深化。此外，党的十八大还首次提出了"美丽中国"的目标，党的十九大更进一步将"美丽"放在社会主义建设中成为与"富强、民主、文明、和谐"同等重要的现代化强国目标，成为新时代社会主义建设的千年大计。正如习近平总书记所说："中国要美，农村必须美，美丽中国要靠美丽乡村打基础，要继续推进社会主义新农村建设，为农民建设幸福家园。"① 因此，当前要建成美丽中国，实现生态的良好发展，就必须统筹城乡规划建设。

---

① 全国扶贫宣传教育中心组织编写《中国脱贫攻坚：双江故事》，人民出版社，2022，第67页。

一　让生态文明理念贯穿新型城乡规划建设全过程

树立生态文明视角下的城乡生态规划理念，以城乡生态一体化建设规划为突破口，强化城乡规划全覆盖理念。改革开放以来，随着我国经济快速发展以及城市化进程加快，出现了严重的生态环境问题，尤其是在沿海发达城市及其周边，其中一个主要原因在于过去城乡规划理念对生态环境不友好。城乡规划理念对生态环境保护具有直接影响。一方面，以牺牲环境为代价的城乡规划理念不仅会严重破坏当地的自然环境，加剧环境污染，还会导致资源与自然的过度消耗，如城市的交通拥堵。另一方面，以城市为中心的城乡规划理念，忽视了乡村建设的规划，使得乡村建设活动处于无序甚至是混乱状态，对乡村生态的破坏难以估量，如 2007 年《城乡规划法》颁发之前，我国只有《城市规划法》，几乎难以找到对乡村进行规划的相关法理依据。

对于城乡规划建设，习近平总书记指出："提升环境基础设施建设水平，推进城乡人居环境整治。"① 这既是对中华优秀传统文化与规划理念的继承，也是以习近平同志为核心的党中央对城乡一体化建设的指导理念。这一理念意味着无论是城市的建设还是乡村的建设，都要以人与自然和谐共生为出发点，让城市的规划建设融入大自然以形成让生活更美好的现代化城市，让乡村的规划发展融入现代化的科学元素建设美丽乡村，"保留村庄原始风貌，慎砍树、不填湖、少拆房，尽可能在原有村庄形态上改善居民生活条件"②，以提高人民群众的幸福感与舒适感。纵观世界历史，"生态兴则文明

① 习近平：《高举中国特色社会主义伟大旗帜 为全面建设社会主义现代化国家而团结奋斗——在中国共产党第二十次全国代表大会上的报告》，人民出版社，2022，第 51 页。
② 中共中央文献研究室编《十八大以来重要文献选编》（上），中央文献出版社，2014，第 606 页。

兴，生态衰则文明衰"的案例不计其数，尤其是在工业文明阶段的后期，频频出现的生态危机推动着生态治理走向时代舞台的中央。城乡生态治理的好坏不仅关系着生态的安危，而且关系着人民能否拥有健康、舒适的生活环境。如果一个国家的城乡规划建设长期与生态环境相对抗，那么该国人民追求美好幸福生活的愿望则久久不能实现，长此以往，人心必定思离进而危及国家的生存。因此，树立城乡生态规划理念，让生态文明理念贯穿新型城乡规划建设全过程既是事关民生的大计，也是事关国家发展的大事。

二 尊重科学规律，做好顶层设计，提高城乡规划建设的管治效率和水平

城市与乡村在资源、生态、环境等方面存在天然的有机联系，统筹城乡一体化发展，城市规划需要与乡村规划协同推进，做好顶层设计工作，提升城乡生态基础设施建设，为城乡发展预留足够的生态与环境资源，建立生态文明考核体制机制。

建立城乡一体化空间规划体系。合理的城乡规划体系不仅有助于解决城乡规划与土地利用总体规划等其他规划的矛盾与冲突，还能提高各规划的运行效率，促进城乡的统筹发展。建立城乡一体化空间规划体系，应把城乡的本质放在集中上，在城乡空间结构的设置上要做到适度紧凑，强化土地的混合利用，能够缩短居民的通勤距离，减少资源消耗，促进资源的节约，加强人口向城区城镇、中心村聚集等政策上的引导；在城乡空间规划的设计上要与生态环境系统相互协调，应考虑保护与提高本地区生物多样性水平，在城乡空间发展的自然条件和容量的状态与特征容许的情况下进行有计划的空间结构的设计。以英国 1955 年颁布的《城乡规划法》为例，为控制城市蔓延，该法案明确了将本国城市周边的农业用地和农村土地划为绿带，绿带内严格控制新的开发建设，新建项目需确

保不会对现有乡村特征、景观和环境造成负面影响。因此，为适应生态文明建设的要求，必须尽快转变当前的城乡空间规划体系，重视城乡一体化空间规划体系的建构，根据城乡环境的承载能力和国家的经济社会发展战略，统筹城乡发展中各类产业、资源、生活、生态空间，对生态资源的开发利用、生态环境的保护等，进行综合全面的部署，启动国家与地区城乡规划一体化体系的同步推进。

重视城乡生态基础设施建设。生态基础设施一词最早见于联合国教科文组织的"人与生物圈计划"，其在 1984 年的报告中提出了生态城市规划的五项原则中的第二项，该组织的研究既促进了全球生态城市的研究，也奠定了城市生态化发展的理论基础。当前我国的城乡一体化建设也可借鉴这一措施，把城乡生态基础设施作为城乡高质量、可持续发展的基础，作为人民获得持续的自然服务的基础。这些生态基础设施包括为居民提供优质健康的生活环境，如新鲜的空气与健康、绿色的食物，以及提供体育锻炼、娱乐休闲等的场所。在中国城市规划学会乡村规划与建设学术委员会所收集和介绍的村庄规划案例中，广州市白山村的建设就是生态基础设施建设理念付诸实践的一个极佳案例，白山村是国家住建部在广东省唯一的全国村庄规划试点，其规划成果已经成为指导新时代岭南地区乡村规划建设的重要示范。其村庄规划通过"一盘棋"式统筹考虑，将全村域作为一个整体，不仅考虑农村建设用地的规划建设，包括农民居住生活用地、农村经济发展用地等，而且将非建设用地，包括农村生态涵养地和农田水域等也纳入规划进行通盘考虑。将白山村划分为"五大功能区"，包括产业经济发展区、居住区、公共服务基础设施配套区、农业发展区和生态控制区。其中居住区、公共服务基础设施配套区以及产业经济发展区的项目划分就是生态基础设施建设的典型。

为城乡发展预留足够的生态与环境资源。习近平主席在 2019 年中国北京世界园艺博览会开幕式上指出："良好生态本身蕴含着无穷的经济价值，能够源源不断创造综合效益，实现经济社会可持续发展。"① 在城乡规划的总体设计上，不能仅仅考虑当前短期的城乡发展，还应从长远考虑，树立生态文明理念。规划是城乡一体化建设的龙头，是城市化、城镇化的总纲。作为"国家园林城市""全国绿化模范城市""国家水土保持生态文明市"的河南省济源市肩负着建设中原经济区生态屏障区的重任。通过近年来坚持不懈的努力，济源市按照生态园林城市和国家森林城市的标准编制规划，高密度布点公园、植物园、滨河绿化、城市生态防护林等项目，扩大城市绿地面积，优化人居环境，实现城在林中、林在城中，使济源市真正成为生机勃勃的园林城市，其森林覆盖率达 44.39%，比全国平均水平高 24.03 个百分点，城区绿化覆盖率达 40.63%，人均公共绿地面积达 11.36 平方米。该市坚持"全域布局、一体发展"的理念，科学编制城乡总体规划，将市域开发建设与土地资源利用、生态环境保护、历史文化传承有机结合，统筹三次产业和生态文明发展，规划建设了中心城区核心功能区、虎岭转型发展功能区、玉川循环经济功能区、西霞湖生态经济功能区、王屋山生态旅游功能区、东部特色高效农业功能区六大空间布局，对北部太行山生物多样性保护区、黄河湿地生态系统保护区、平原农业生产营养物质循环区、南部浅山—黄土丘陵生态恢复区、城市生态系统保护区五个区域实施严格生态控制，为城市发展预留了足够的生态与环境资源。当前，虽济水不存，但济源市城乡仍是古树古建筑拥立，依然可以触摸济水历经千年的沧桑，感受济源市这座千年历史名城的活力。济源市站在建设中原经济区新兴地区性中心城市、南太行沿黄生态屏障区的高度，精心谋划未来发展，科学规划城乡建设，积极探索具有地方特色的生态文明建设之路，对国内其他地区城乡可持续发展具有极为重

---

① 《习近平谈治国理政》第 3 卷，外文出版社，2020，第 375 页。

要的借鉴意义。

建立生态文明考核体制机制。推进城乡生态化发展，各级党政机关都负有主要责任，必须改变传统的以城乡 GDP 为主要指标的考核机制，把资源的利用率、环境损害、居民的生活等纳入经济社会发展的评价体系，并在此基础上适当增加权重，建立健全城乡生态化发展的考核评价机制与惩罚制度，形成生态文明建设的长效体制机制。一方面，可以从国家层面对各类生态空间进行区域划分，并明确限定开发建设行为，建立一套项目准入和使用规则，如北京的《北京城市总体规划（2016 年—2035 年）》就对生态控制区和限制建设区的开发强度进行了严格控制，通过生态控制线、城镇开发边界将市域划分为生态控制区、限制建设区和集中建设区，构建生态控制区、绿化隔离地区（郊野公园环和城市公园环）、楔形绿色廊道三类生态空间；另一方面，激励提升生态功能的行为，主要针对生态功能提升活动，鼓励开展建设清退、生态修复和休闲景观设计等。此外，还可通过立法、开发许可等手段，控制开发建设和用途转换，统筹城乡规划建设应从长远出发进行以科学规划、合理布局、正确决策为前提的地方立法行为，将城乡规划以立法的形式确立下来，规划一经形成应马上赋予其法律地位以防止朝令夕改的现象出现，实现资源的合理配置。

三　加大区域规划编制和实施力度，加快形成合理的城乡空间结构

促进城乡规划建设的协调发展、可持续发展。加强城市及其周边地区的规划，通过城市规划的生态化将城市规划与城市生态规划融合在一起。转变传统城市规划的过程与方法，形成新的城市规划生态化，因地制宜，开展规划设计，将生态安全格局理论融入城市用地评价与选择之中。将乡村地区的建设活动纳入规划管理的范围，

加强编制相关规划或建设指引，构建合理建设布局，抑制城市污染转移至农村。

明确概念区划界限，严格保护河流、山体、湿地等生态间隔廊道。要加强城乡的区域规划管制，对城乡绿带、区域绿地以及城市扩展界限进行划定，保护对区域生态安全具有关键作用的河流、山体、湿地、基本农田等生态间隔廊道，在此基础上调整和优化城乡空间与功能秩序，自然融入城乡一体化发展之中。深圳市 2005 年制定了《深圳市基本生态控制线管理规定》，其保护范围涉及一级水源保护区、集中成片的基本农田保护区以及河流、水库等；2016 年深圳市启动了分级分类管理优化工作，将生态空间划分为按生态保护红线要求划定和管理的一级管制区、经评估认定的生态环境敏感区和脆弱区的二级管制区，以及根据《生态线内社区规划编制指引》划定的三级管制区，并进一步在此基础上制定了《关于进一步规范基本生态控制线内新增建设活动规划选址工作的通知》《线内基础设施建设生态建设技术规范》《基本生态控制线优化调整工作指引》等文件。这些概念区划界限，对于统筹城乡生态一体化发展，扭转城乡无序化发展起到了极为重要的作用。

利用生态优势，大力吸收优质资本。2016 年习近平总书记在关于做好生态文明建设工作的批示中指出："各地区各部门要切实贯彻新发展理念，树立'绿水青山就是金山银山'的强烈意识，努力走向社会主义生态文明新时代。"① 也就是说，生态资源优势既是财富，也是可持续发展中的巨大优势，城乡规划也应充分利用这一优势，因地制宜，利用好当地的生态资源优势，依靠绿水青山的生态资源优势，吸引更多优质的资本，以期实现生态优势与资本优势的融合发展。一方面，要提高生态环境准入的标准，把引进目标从高耗能、

---

① 《习近平谈治国理政》第 2 卷，外文出版社，2017，第 393 页。

高污染的产业转向高质量的产业，杜绝走发达国家以牺牲环境为代价换取高额投资的老路；另一方面，要强化城乡发展的生态优势，积极治理好过去被污染的环境与被破坏的生态系统，通过对当地生态资源的修复提升地区优势与发展潜力，从而增加在与优质资本谈判中的筹码。

优化城乡产业结构，构筑新型现代产业体系。随着城市区域化、区域城市化、城市集群化等的发展，当前我国的第三产业结构仍然未能达到与生态环境协调发展的最好状态，经济的发展对工业仍然存在很强的依赖性，环境污染已成为跨区域的严重问题，因此对于生态环境的治理与修复也应重视区域规划的编制，促进城乡区域合作、以划片区的方式统筹城乡区域性环境污染的治理问题，其中最重要的还是优化城乡产业结构，"注重产业结构向生态化转变，产业布局向集群化发展"①。一是可以在城乡规划时重视高端制造业、现代化服务业、现代化农业的发展，从核心技术上提高本国这些产业的自主研发水平，加速城乡产业结构的优化升级；二是重视环境友好型产业，如新能源产业的发展，包括太阳能、风能等清洁能源，争取在新能源产业的转型上占据全球产业链的上游实现弯道超车；三是加强城乡产业一体化规划，先规划后建设，注重整体产业的经济效益与生态效益，重点打造一批环境友好型的现代服务业产业集群。

第四节　推动形成资源节约型社会

改革开放以来，伴随我国经济发展的是各种资源的浪费，在新的历史阶段党中央明确提出要建设资源节约型社会，党的十七大报告强调"必须把建设资源节约型、环境友好型社会放在工业化、现代化

---

① 沈满洪：《大力实施产业生态化战略》，《浙江日报》2010 年 6 月 4 日。

发展战略的突出位置"①；党的十八大进一步把节约资源作为生态保护的根本之策；党的二十大报告更是提出要"像保护眼睛一样保护自然和生态环境"②，站在人与自然和谐共生的高度来谋划发展，对如何节约资源提出了具体的措施：实施全面节约战略，完善能源消耗总量和强度调控，推动能源清洁低碳高效利用，加强能源产供储销体系建设，完善碳排放统计核算制度。③中国经济社会发展进入新的历史阶段，中共中央明确提出了建设资源节约型社会，就是要在社会生产、建设、流通、消费的各个环节以及社会的各个方面，切实保护和合理利用各种资源，提高资源利用效率。资源节约型社会的建构是基于我国的基本国情提出来的，也是关系我国经济社会发展和中华民族兴衰，具有全局性和战略性的重大决策。毫无疑问，资源节约型社会的建设是保障我国经济社会可持续发展的关键，是提高人民生活质量、建成美丽中国与实现中华民族永续发展的根本途径，具有极为重要的全局性与战略性意义。

当前我国资源约束不断加剧，土地、淡水、能源、矿产资源和环境状况对经济发展已构成严重制约，根据《全国国土规划纲要（2016—2030年）》，我国当前资源开发主要面临四个方面的困境。一是资源禀赋缺陷明显。我国资源总量大、种类全，但人均少、质量总体不高，主要资源人均占有量远低于世界平均水平。矿产资源低品位、难选冶矿多；土地资源中难利用地多、宜农地少；水土资源空间匹配性差，资源富集区与生态脆弱区多有重叠。二是资源需求刚性增长。"截至2022年底，中国已发现173种矿产，其中，能源矿产13种，金属矿产59种，非金属矿产95种，水气矿产6种"，中国近四成

① 《胡锦涛文选》第2卷，人民出版社，2016，第631页。

② 习近平：《高举中国特色社会主义伟大旗帜 为全面建设社会主义现代化国家而团结奋斗——在中国共产党第二十次全国代表大会上的报告》，人民出版社，2022，第23页。

③ 参见习近平《高举中国特色社会主义伟大旗帜 为全面建设社会主义现代化国家而团结奋斗——在中国共产党第二十次全国代表大会上的报告》，人民出版社，2022。

矿产储量均有上升，但人均占有量折值仅为世界平均水平的一半，实际可利用的矿产资源不足，因此对外依存度依然较高。建设用地需求居高不下，2022 年全国国有建设用地供应 76.6 万公顷，同比增长 10.9%，其中，工矿仓储用地 19.8 万公顷，增长 13.2%。[①] 随着新型工业化、信息化、城镇化、农业现代化同步发展，资源需求仍将保持强劲势头。三是资源利用方式较为粗放。截至 2022 年底，全国现有海水淡化工程 150 个，工程规模 2357048t/d，比 2021 年增加了 500615t/d[②]，全年总用水量 5997 亿立方米，比 2021 年增长 1.3%[③]，水资源的利用率和能耗远高于世界的平均水平；据初步核算，2022 年全年能源消费总量 54.1 亿吨标准煤，比 2021 年增长 2.9%，煤炭消费量占能源消费总量的 56.2%，比 2021 年上升 0.3 个百分点[④]，远远高于发达国家的平均水平；矿产资源利用水平总体不高。四是利用国外资源的风险和难度不断加大。当前，世界经济正处于深度调整之中，复苏动力不足，地缘政治影响加重，新的产业分工和经济秩序正在加快调整，各国围绕市场、资源、人才、技术、标准等领域的竞争更趋激烈，能源安全、粮食安全、气候变化等全球性问题更加突出，发展仍面临诸多不稳定性和不确定性，我国从国际上获取能源资源的难度不断加大。[⑤]

---

① 参见《2022 中国自然资源统计公报》，https：//www.mnr.gov.cn/sj/tjgb/202304/P020230412 557301980490.pdf。

② 参见《2022 年全国海水利用报告》，中华人民共和国自然资源部网站，2023 年 9 月 24 日，http：//gi.mnr.gov.cn/202309/t20230926_2801240.html。

③ 参见《2022 中国自然资源统计公报》，https：//www.mnr.gov.cn/sj/tjgb/202304/P020230412 557301980490.pdf。

④ 《中华人民共和国 2022 年国民经济和社会发展统计公报》，中央政府门户网站，2023 年 2 月 28 日，https：//www.gov.cn/xinwen/2023－02/28/content_5743623.htm？eqid＝cb48c394000 725f6000000026458a34d。

⑤ 《工业和信息化部关于印发〈"十四五"工业绿色发展规划〉的通知》，中央政府门户网站，2021 年 11 月 15 日，http：//www.gov.cn/zhengce/zhengceku/2021－12/03/content_5655701.htm。

一 建立有利于资源节约的决策体系，促进资源节约集约利用

2021 年 2 月《国务院关于加快建立健全绿色低碳循环发展经济体系的指导意见》指出："使发展建立在高效利用资源、严格保护生态环境、有效控制温室气体排放的基础上，统筹推进高质量发展和高水平保护，建立健全绿色低碳循环发展的经济体系，确保实现碳达峰、碳中和目标，推动我国绿色发展迈上新台阶。"① 资源节约型社会是一种可持续发展的社会发展状态，必须有相应的制度来确保其全面落实。首先，要发挥政府机关的表率作用，创建资源节约型政府。政府在社会经济生活中扮演不同的角色，既是资源节约型社会的倡导者、引导者、践行者、监管者，也是整个社会运行的重要主导者，因此资源节约型政府的建设，是资源节约型社会建设的先行示范，对于整个社会资源的全面节约具有积极的示范与引导作用，这也是对党科学执政的一大考验。其次，要树立正确的政绩观，将资源节约作为各机关单位、各领导干部政绩考核的一项内容并适当增加权重，明确政府机关的节能责任以提高整个政府部门的资源节约意识，全面重视资源节约问题。再次，要建立一套民主、科学、完整、系统的资源节约制度，使政府在节能决策上有章可循，并在公共区域的高耗能产品与项目中制定强制性的资源消耗标准，提高执法的力度。最后，要强化节能监督，保障媒体、公众等的合法节能知情权，扩大节能信息的传播范围与领域，对相关耗能项目的建设与规划采取多种形式听取公众与专家的意见。

"坚持总量控制、科学配置、全面节约、循环利用原则，强化资

---

① 《国务院关于加快建立健全绿色低碳循环发展经济体系的指导意见》，中央政府门户网站，2021 年 2 月 22 日，http://www.gov.cn/zhengce/content/2021–02/22/content_5588274.htm。

源在生产过程的高效利用，削减工业固废、废水产生量，加强工业资源综合利用，促进生产与生活系统绿色循环链接，大幅提高资源利用效率。"① 资源的利用方式决定了资源的利用效率，资源的利用效率与经济社会的发展具有密切联系，因此资源利用方式的转变是经济可持续发展的重要保障。党中央历来重视我国资源的节约集约利用，早在"十一五"规划中就首次将单位国内生产总值资源消耗强度作为重要约束性指标；"十二五"规划进一步提出要合理地控制资源消费总量；"十三五"规划明确提出要建设现代资源体系，"深入推进能源革命，着力推动能源生产利用方式变革，优化能源供给结构，提高能源利用效率，建设清洁低碳、安全高效的现代能源体系，维护国家能源安全"②；"十四五"规划更是强调要"加快发展非化石能源，坚持集中式和分布式并举，大力提升风电、光伏发电规模"③。习近平总书记在主持十八届中央政治局第六次集体学习时强调："节约资源是保护生态环境的根本之策。要大力节约集约利用资源，推动资源利用方式根本转变，加强全过程节约管理，大幅降低能源、水、土地消耗强度，大力发展循环经济，促进生产、流通、消费过程的减量化、再利用、资源化。"④ 一方面，要搞好总体工作布局，统筹资源总量与强度的双向控制。要全面落实党中央节约优先的战略思想，促进资源节约集约利用，从源头上减少污染物质的排放，既要从宏观上对资源、水资源等的消耗总量进行控制，又要控制

---

① 《工信部：推动绿色制造领域战略性新兴产业融合化、集群化、生态化发展》，百度百家号，2021 年 12 月 3 日，https：//baijiahao. baidu. com/s？id = 1718110481309096985&wfr = spider&for = pc。

② 《中华人民共和国国民经济和社会发展第十三个五年规划纲要》，中央政府门户网站，2016 年 3 月 17 日，https：//www. gov. cn/xinwen/2016 – 03/17/content_ 5054992. htm？eqid = d07af67d0004e4f000000004645df9dd。

③ 《中华人民共和国国民经济和社会发展第十四个五年规划和2035 年远景目标纲要》，中央政府门户网站，2021 年 3 月 13 日，http：//www. gov. cn/xinwen/2021 – 03/13/content_ 5592681. htm。

④ 《习近平谈治国理政》，外文出版社，2014，第 209 页。

单位国内生产总值资源消耗、水资源消耗等的强度，以总量"倒逼经济发展方式转变"①，以严格标准促进节约集约来提高我国经济发展绿色化水平。另一方面，推动煤炭生产向资源富集地区集中，合理控制煤电建设规模和发展节奏，推进以电代煤，煤炭清洁高效利用，同时全面统筹海陆空资源的整合，大力发展诸如风能、太阳能、核能等非石化能源，因地制宜，开发利用地热能，促进国家综合资源基地的优化建设，以示范带动资源的节约集约利用，提高资源的综合利用效率。

二　抓好节能、节水、节地、节材和资源综合利用，加快能源消费低碳化转型

加快能源消费低碳化转型。全球变暖是人类的行为造成地球气候变化的结果，"碳"消耗得越多，导致地球变暖的"二氧化碳"也就产生得越多，而"碳"则包括石油、煤炭、木材等由碳元素构成的自然资源。全球变暖随着人类的活动不断地影响着人们的生活方式，带来越来越多的问题。习近平总书记对做好生态文明建设工作作出批示："根本改善生态环境状况，必须改变过多依赖增加物质资源消耗、过多依赖规模粗放扩张、过多依赖高能耗高排放产业的发展模式，把发展的基点放到创新上来。"② 可见，大力发展资源节约型经济发展模式是建立资源节约型社会的具体体现，而经济发展模式的转变主要可以通过提高资源的使用效率与产业结构的优化升级来实现。一方面，可以提升清洁能源消费比重，对传统的用煤行业的煤炭消费进行严格的控制并提高企业准入标准，对有新能源优势的地区则可大力推广氢能、核能、水能、风能、生物燃料、垃圾衍生燃料等替代能源在钢铁、水泥、化工等行业的应用。另一方面，

---

① 《习近平谈治国理政》第 2 卷，外文出版社，2017，第 389 页。
② 《习近平谈治国理政》第 2 卷，外文出版社，2017，第 395 页。

严格控制化石能源消费，严格控制煤电装机规模，加快现役煤电机组节能升级和灵活性改造，逐步减少直至禁止煤炭散烧。加快推进页岩气、煤层气、致密油气等非常规油气资源规模化开发，强化风险管控，确保能源安全稳定供应和平稳过渡。

推进水资源节约利用。水是生命之源、生产之要、生态之基。兴水利、除水害，事关人类生存、经济发展、社会进步，历来是治国安邦的大事。我国是水资源严重短缺国家，沿海地区特别是北方沿海地区的缺水形势依然严峻，地下水超采、水生态损害、水环境污染等问题尚未得到根本解决。2021 年 5 月，习近平总书记在河南省南阳市主持召开推进南水北调后续工程高质量发展座谈会时强调"要加快构建国家水网，'十四五'时期以全面提升水安全保障能力为目标，以优化水资源配置体系、完善流域防洪减灾体系为重点，统筹存量和增量，加强互联互通，加快构建国家水网主骨架和大动脉，为全面建设社会主义现代化国家提供有力的水安全保障"①。推进节水型社会建设，既要提高各领域用水效率，又要保护水源以及减少污水排放量，协同推进节水、治污和资源化利用。一方面要节水，实施国家节水行动，深化各项体制机制改革，建立水资源刚性约束制度，引导和推动合同节水管理模式，加强节水各项保障措施，确保各项任务落到实处，对高耗水行业进行定额定量化管理，开展水效对标达标。另一方面要保护与治污，提高海洋资源、矿产资源的开放保护水平以及饮用水水源的保护，加强水源涵养区保护修复，加大重点河湖保护和综合治理力度，恢复水清岸绿的水生态体系，充分发挥社会资本在节水治污领域的作用，深入践行"先节水后调水、先治污后通水、先环保后用水"②原则。

---

① 习近平：《论坚持人与自然和谐共生》，中央文献出版社，2022，第 289 页。
② 水利部规划计划司：《认真学习贯彻习近平总书记重要讲话精神 扎实推进南水北调后续工程高质量发展》，《党建》2021 年第 8 期，第 18～20 页。

第四章
生态环境治理和保护理念

生态环境的治理和保护能力是中国特色社会主义制度及其优势的集中体现。新时代全面深化改革的总目标之一，就是要推进国家治理体系和治理能力现代化。因此，加快生态环境治理体系和治理能力现代化，成为新时代开展生态环境治理和保护的重要战略部署。2023 年 8 月，习近平总书记在首个全国生态日之际作出重要指示强调，全社会行动起来做绿水青山就是金山银山理念的积极传播者和模范践行者。① 建设生态文明是中华民族永续发展的千年大计，务必解决损害人民健康的生态环境问题，因此全社会联动和协作的污染治理应该作为新时代生态文明建设理论以及推进生态环境治理体系和治理能力现代化的重要工作。

第一节　重视关乎人民健康的生态环境问题

"绿水青山不仅是金山银山，也是人民群众健康的重要保障"②，习近平总书记 2016 年 8 月在全国卫生与健康大会上的讲话生动阐释了环境治理和保护的重要性。2022 年 10 月，习近平总书记在党的二

① 参见《习近平在首个全国生态日之际作出重要指示强调 全社会行动起来做绿水青山就是金山银山理念的积极传播者和模范践行者 丁薛祥出席主场活动开幕式并讲话》，《人民日报》2023 年 8 月 16 日。

② 中共中央文献研究室编《习近平关于社会主义生态文明建设论述摘编》，中央文献出版社，2017，第 90 页。

十大报告中进一步提出："推进健康中国建设。人民健康是民族昌盛和国家强盛的重要标志。把保障人民健康放在优先发展的战略位置，完善人民健康促进政策。"① 人民群众对于优美生态环境的需要，深刻表明生态环境既是关系党的使命宗旨的重大政治问题，也是关系民生的重大社会问题。能否做到生态惠民、生态利民、生态为民，让人民群众在生态环境治理和保护的过程中获得更多的安全感和健康，是检验新时代中国特色社会主义生态文明建设成效的试金石。

一 良好的生态环境是人民健康的保证

良好的生态环境是人民健康的保证，而随着我国社会经济结构及其发展的日益完善，以往有所轻视乃至忽视的生态环境污染和破坏日益成为人民群众关心的重要社会问题。为此，新时代党和政府越来越关注生态环境问题整改，把保护生态环境摆在更加突出的位置，以切实提高生态环境治理体系和治理能力现代化水平，不断增强人民群众的绿色获得感、生态幸福感。习近平总书记指出，"要坚持标本兼治、常抓不懈，从影响群众生活最突出的事情做起，既下大气力解决当前突出问题，又探索建立长久管用、能调动各方面积极性的体制机制，改善环境质量，保护人民健康，让城乡环境更宜居、人民生活更美好"②。

对于生态文明建设的各种突出问题，新时代党和政府务必改变以往以经济增长优先的行政思维，将视角从单纯的经济增长转移到人民群众日益关注的包括生态环境治理效益的综合社会效益上来。在此过程中，人民群众对于生态环境及其治理的满意程度成为衡量

---

① 习近平：《高举中国特色社会主义伟大旗帜 为全面建设社会主义现代化国家而团结奋斗——在中国共产党第二十次全国代表大会上的报告》，人民出版社，2022，第48页。

② 中共中央文献研究室编《习近平关于社会主义生态文明建设论述摘编》，中央文献出版社，2017，第83页。

民生改善与否的重要指标，务必将生态文明建设置于各项行政工作中更加突出的位置，务必对全社会的经济发展方式作出更为科学的调整。从治国理政的战略高度来看，生态文明建设是一项牵一发而动全身的重要举措，必须有一定的制度安排予以进行全方位的治理协作，并在必要的关键环节进行顶层设计。对此，习近平总书记指出，"我们要利用倒逼机制，顺势而为，把生态文明建设放到更加突出的位置。这也是民意所在。人民群众不是对国内生产总值增长速度不满，而是对生态环境不好有更多不满。我们一定要取舍，到底要什么？从老百姓满意不满意、答应不答应出发，生态环境非常重要；从改善民生的着力点看，也是这点最重要。我们提出转变经济发展方式，老百姓想法也是一致的，为什么还扭着干？所以，我想，有关方面有必要采取一次有重点、有力度、有成效的环境整治行动，在这方面也要搞顶层设计"①。

随着我国经济社会发展水平的快速提高，人民群众对于生活幸福的理解不再局限于单一的经济收入，生态环境状况逐渐成为人民群众衡量自身生活幸福指数的关键指标。正如习近平总书记所指出的，"人民群众对环境问题高度关注，可以说生态环境在群众生活幸福指数中的地位必然会不断凸显。随着经济社会发展和人民生活水平不断提高，环境问题往往最容易引起群众不满，弄得不好也往往最容易引发群体性事件"②。因此，生态环境治理和保护作为党和政府推进国家治理体系和治理能力现代化的重要战略部署日益受到人民群众的关注。因此，党和政府要转变生态环境治理和保护的工作方式，习近平总书记提出："环境保护和治理要以解决损害群众健康

---

① 中共中央文献研究室编《习近平关于社会主义生态文明建设论述摘编》，中央文献出版社，2017，第83页。

② 中共中央文献研究室编《习近平关于社会主义生态文明建设论述摘编》，中央文献出版社，2017，第83~84页。

突出环境问题为重点，坚持预防为主、综合治理"①，包括"强化水、大气、土壤等污染防治，着力推进重点流域和区域水污染防治，着力推进重点行业和重点区域大气污染治理"②，着力推进颗粒物污染防治，着力推进重金属污染和土壤污染综合治理，集中力量优先解决好细颗粒物（PM2.5）、饮用水、土壤、重金属、化学品等损害群众健康的突出环境问题。

实现健康中国的目标，离不开良好的生态环境，这是人类生存与健康的基础。健康的决定因素不仅涉及医疗卫生，还涉及环境、生物学、行为和生活方式等。世界卫生组织研究发现，在影响健康的因素中，环境因素占17%、生物学因素占15%、行为和生活方式占60%，而医疗卫生仅占8%。③ 环境因素对健康的影响超过了医疗卫生，这一点逐渐成为世界各国健康事业的主要趋势，受到各国政府的高度关注。人们愈来愈深刻地意识到，良好的生态环境往往意味着人民身体的普遍健康。

在习近平总书记看来，健康中国和美丽中国是紧密相关的，应该协同推进和统筹建设。在绿色发展理念的落实方面，应按照绿色发展理念实行最严格的生态环境保护制度，切实解决影响人民群众健康的突出环境问题。党的十八大以来，一系列法律、法规、政策、措施陆续发布实施，为生态文明建设及绿色发展保驾护航。虽然我国的生态环境质量有所改善，但环境问题的复杂性、紧迫性和长期性没有改变。总体上看，我国生态环境保护仍明显滞后于经济社会发展，多个领域和多个类型的污染问题长期累积与叠加。有学者研究表明，部分地区的环境承载能力甚至达到或接近"天花板"，在相

---

① 中共中央文献研究室编《习近平关于社会主义生态文明建设论述摘编》，中央文献出版社，2017，第84页。

② 《习近平谈治国理政》第1卷，外文出版社，2018，第210页。

③ 《每个人是自己健康第一责任人（人民时评）》，《人民日报》2019年8月14日。

当长的一段时间内，生态环境恶化的趋势一直没有得到根本性扭转和改善。① 在这一生态环境恶化的趋势下，以习近平同志为核心的党中央作出重要决策部署，要求全国各级党委和政府务必清醒认识到我国生态环境的严峻状况，务必完成好以下生态环境治理任务。第一，下大力气重点抓好大气、水、土壤污染的防治。第二，加快推进国土绿化，抓铁有痕地改善生态环境。第三，加强环境与健康的监测、调查、风险评估。一段时间以来，我国在生态环境治理研究方面投入不足，关于环境对健康影响的科学研究也较为薄弱。因此，我国生态环境治理的基础研究和教育有待提高，要推动实现"产学研一体化"，将研究成果转化为对生态环境治理的决策支持，为有效应对生态环境治理、开展环境健康化发展和降低环境污染风险提供智力支持。

要实现健康中国和美丽中国的目标，广大公众的意识和行动至关重要。为此，要让越来越多的人意识到，建设健康和美丽的中国关乎每一个人的切身利益，只有实现身心健康和生命品质都掌握在中国人民手中，健康和美丽的中国才能获得彻底实现的根本动力。保护和营造天蓝水清的美好生态环境，并不尽是政府与企业的事情，而是每一个中国公民应该肩负起来的光荣使命和责任，需要全社会提高公共卫生意识并付诸环境保护行动，而这又往往需要从身边的小事做起，如"少开车、多走路""适量点餐、光盘行动"等，这不仅对身体健康大有益处，而且对生态环境也大有益处。这样的"小事情"，只要全国人民都持之以恒地去做，在生态环境治理和保护的社会实践方面就会逐渐取得聚沙成塔的效果。2022 年 5 月 10 日上午，庆祝中国共产主义青年团成立 100 周年大会在北京人民大会堂隆重举行，习近平总书记出席大会并发表重要讲话。在讲话中，习近平总书记用古诗"人生万事须自为，跬步江山即寥廓"寄语新

---

① 王占岐、姚小薇主编《土地资源管理专业高水平人才培养模式创新与实践》，中国地质大学出版社，2021，第 147 页。

时代的广大共青团员，强调新时代的广大共青团员要做理想远大、信念坚定的模范，要做刻苦学习、锐意创新的模范，要做敢于斗争、善于斗争的模范，要做艰苦奋斗、无私奉献的模范，要做崇德向善、严守纪律的模范，"不尚虚谈、多务实功，勇于到艰苦环境和基层一线去担苦、担难、担重、担险，老老实实做人，踏踏实实干事"①。无论是生态环保问题，还是健康问题，都是长期积累的结果，彻底解决需要付出很长时间的艰苦努力。社会各界尤其是广大青年只要积极行动起来，在生态环境治理、保护和研究事务中争当模范、敢于奉献，就一定能够建成美丽中国和健康中国，实现中华民族的永续健康发展。

二　人民对优美生态环境的需要是党的奋斗目标

进入新时代，我国社会主要矛盾转化为人民日益增长的美好生活需要和不平衡不充分的发展之间的矛盾，人民对优美生态环境的需要已成为这一矛盾的重要体现。人民对优美生态环境的需要既是中国共产党的奋斗目标和执政使命所在，也是党的十八大以来中国社会各界的积极实践，将生态文明建设列入"五位一体"总体布局，完善了从中央到地方的生态环境治理、保护和督察体系，实施了一系列掷地有声的环境保护举措，推动了生态环境保护发生历史性、全局性和战略性的巨大变化。党的十八大以来，我国生态环境治理和保护状况的改善速度实现了前所未有的提高，人民群众的健康和安全感、获得感也实现了空前提高。对此，习近平总书记特别强调："严格执行环保、安全、能耗等市场准入标准，淘汰一批落后产能。淘汰落后产能态度要坚决、步子要稳妥。对破坏生态环境、大量消

① 习近平：《在庆祝中国共产主义青年团成立 100 周年大会上的讲话》，人民出版社，2022，第 12 页。

耗资源、严重影响人民群众身体健康的企业，要坚决关闭淘汰。"①
党和政府只有高度重视人民对优美生态环境的需要，才能领导人民
群众坚决打好污染防治攻坚战。同时，全社会还要协同各级相关部
门解决体制不健全、制度不严格、法治不严密、执行不到位、惩处
不得力等问题。习近平总书记指出，"如果破坏生态环境，即使是有
需求的产能也要关停，特别是群众意见很大的污染产能更要'一锅
端'。对一些偷排'红汤黄水'、搞得大量鱼翻白肚皮的企业，决不
能心慈手软，要坚决叫停"②。至于企事业单位和其他生产经营者，
排放污染物应该承担相应的生态环境保护责任。在此过程中，明确
各级党委、政府及有关部门的生态环境保护责任，由社会各界参与
监督、由企事业单位和其他生产经营者协同配合，制定大气、水、
土壤等相关环境保护指标以及环境保护责任红线。在各地各级党委领
导下，由各级政府负责建立严格的督办制度，以此督促各有关部门单
位按照各自职责，对生态环境保护工作实施全过程的监督检查。

案例：

　　2015 年河北省邯郸市磁县观台镇群众举报，该镇南边一家
漳南焦化厂污染多年，烟尘污染非常严重，很多高大烟囱随意
排放黑烟，周围粉尘缭绕，其上空几乎全部被烟尘笼罩，刺鼻
的异味不时地随风扑面而来，异常难闻。群众反映，住在这里
都不敢晾晒浅色衣物，更不敢开门吃饭，觉得苦不堪言，多次
给磁县环保部门反映此问题。然而，漳南焦化厂依然正常生产，
以至于地里的庄稼也受到了严重影响。

---

① 中共中央文献研究室编《习近平关于社会主义生态文明建设论述摘编》，中央文献出版
　社，2017，第 84 页。
② 中共中央文献研究室编《习近平关于社会主义生态文明建设论述摘编》，中央文献出版
　社，2017，第 84 页。

2015 年 8 月 20 日，磁县环境监察执法人员到该公司进行现场调查。经查，该焦化厂为磁县漳南洗煤有限公司所属工厂，焦炉现在处于停产保炉温状态。该局环境执法人员 8 月 7 日已发现该公司焦炉换向阀门封闭不严出现烟囱偶有冒出黑烟现象，8 月 7 日磁县环保局已经向该公司下达了限期整改通知书，针对该公司存在的问题，磁县环保局于 8 月 20 日已向该公司下达行政处罚事先告知书，相关处罚程序将进一步实施。

从 2015 年后，磁县环保局制定了严格的环境监管责任制度，明确专人负责，责任到人，该局环境执法监管，一直保持环境执法检查高压态势，对环境违法行为"零容忍"，执法必严，违法必究，对发现的问题立即查处。

——根据《邯郸一污染企业被关》① 整理

由于生态环境治理和保护关涉人民群众的生存和健康，习近平总书记在 2016 年全国卫生与健康大会上指出："经过三十多年快速发展，我国经济建设取得了历史性成就，同时也积累了不少生态环境问题，其中不少环境问题影响甚至严重影响群众健康。老百姓长期呼吸污浊的空气、吃带有污染物的农产品、喝不干净的水，怎么会有健康的体魄？"② 习近平总书记的讲话就是要让各级党委和政府以及社会各界，特别是战斗在生态环境治理和保护一线的工作人员认识到：造成环境污染或生态破坏以及产生环境健康问题的风险，不能再让人民群众承担了。由此，我国在发展经济的同时，还要保护好人民群众赖以生存和发展的生态环境，既要在生产源

---

① 《邯郸一污染企业被关》，河北－今日头条，2015 年 8 月 25 日，http：//news.bjtvnews.com/hebei/2015－08－25/71952.html。

② 中共中央文献研究室编《习近平关于社会主义生态文明建设论述摘编》，中央文献出版社，2017，第 90 页。

头切实做好环境健康保护，做好科学的排放指标控制，又要在社会交换和消费环节做好生态环境保护的政策落实，主要包括提倡改变社会公众的生活方式以及提倡社会各界主动做好防止生态环境破坏、污染及其他风险发生的战略准备等。而这一过程既需要党委和政府的重视，也需要社会各界尤其是相关企业的积极配合以及每一位公民的身体力行。

理解人民对优美生态环境的需要，还要意识到优美生态环境是人民对美好生活向往的重要内容。我国取得全面建成小康社会的胜利，人民生活水平不断提高，相应地，人民对美好生活的需要也日益广泛。在此过程中，人民群众不仅对物质文化生活提出了更高的要求，而且在精神文化生活等方面的要求也日益增长，而二者又集中体现在生态文明建设方面。党的十八大以来，以习近平同志为核心的党中央坚定不移推进生态文明建设，就是要满足人民群众对美好生活的需要特别是对优美生态环境的需要。因此，我国相当长一段时间忽视生态环境保护和轻视生态恶化的状况得到了明显改变，对于人民群众提高生态环境质量的强烈要求有了较高的施政责任感。习近平总书记在多次讲话中提出，各级党委和政府要以满足人民对美好生活的向往、对优美生态环境的需要为目标，多谋民生之利、多解民生之忧，纠正不正确的发展观念和粗放的发展方式，从而补足生态环境治理和保护这块一直以来尤其突出的短板，积极实行绿色低碳的循环发展模式，争取实现"天更蓝、山更绿、水更清、生态环境更优美"，提高人民生活质量，让祖国大地向人与自然和谐共生的生态文明建设现代化迈进。

理解人民对优美生态环境的需要，又要充分意识到满足人民日益增长的优美生态环境需要之重要性。做好这一点，党和国家就要发挥好领导作用，向全社会示范如何正确处理好创造社会物质财富与提供优质生态产品之间的辩证关系。从新时代中国的基本国情来看，我国是世界上最大的发展中国家，发展经济和创造更多的社会物质财富是实现中国特色社会主义现代化的重要内容，因此必须坚持不懈地推动经济发展。这是毋庸置疑的，但随着我国经济发展到一个新的阶段，尤其是全面建成小康社会已经实现，以及正处于努力实现把我国建成富强民主文明和谐美丽的社会主义现代化强国的过程中，应该充分意识到经济要发展、社会物质财富要大力创造的同时，绝不能够再以牺牲生态环境为代价，不能够再走"先污染后治理"和"边污染边治理"的老路。为此，习近平总书记在党的二十大报告中提出："大自然是人类赖以生存发展的基本条件。尊重自然、顺应自然、保护自然，是全面建设社会主义现代化国家的内在要求。必须牢固树立和践行绿水青山就是金山银山的理念，站在人与自然和谐共生的高度谋划发展。"① 相应地，各级党委和政府也作出政策和施政调整，贯彻坚持节约资源和保护环境的基本国策，实行愈来愈严格的生态环境保护制度，在发展经济和引领社会各界创造物质财富的同时加快建立绿色生产和消费的法律制度及政策，以生态文明建设的战略高度带领人民群众形成节约资源和保护环境的"社会格局、产业结构、生产方式、生活方式"，并且坚定走生产发展、生活富裕、生态良好的文明发展道路，使人民群众在享受丰富的物质精神财富的同时，切实感受到"科学发展""绿色发展""健康发展"带来的优美生态环境。

对于满足人民日益增长的优美生态环境需要，在国内各项工作及其各个环节上要坚持"解决突出环境问题"与"加强生态系统保护"并举的辩证思维。目前，我国部分地区环境污染问题仍然十分

① 习近平：《高举中国特色社会主义伟大旗帜 为全面建设社会主义现代化国家而团结奋斗——在中国共产党第二十次全国代表大会上的报告》，人民出版社，2022，第49～50页。

严重，自然生态系统受到破坏和自然环境面临退化的种种问题依然较为突出。为此，习近平总书记强调各级党委和政府要高度重视解决损害人民群众健康的突出生态环境问题，提出要坚持"预防为主、综合治理"的科学治理思路，强化人民群众关心的"水、大气、土壤"等污染防治，尤其是要持续在城市和乡村实施大气污染防治行动，加快城市及其郊区的水体污染防治，强化对乡村土壤污染的管控与修复，加强对企业生产所产生的固体废弃物和垃圾的科学处置等。这些工作如果能胜利完成，将明显改善人民群众所生存和发展的生态环境质量，使人民群众直接感受到党和政府在生态环境治理和保护上的积极成效。同时，各级党委和政府要加大对山水、林田、湖草和海洋等生态系统的保护力度，坚持"节约优先、保护优先、自然恢复为主"的生态环境保护和治理方针，据此在全国各地尤其是一些生态环境问题突出的地区开展生态系统保护与修复的重大工程，例如：推进荒漠化、石漠化、水土流失、地面沉降等突出环境问题的综合治理；加强地质灾害频繁地区的防治工作，在山林退化严重的地区开展国土绿化行动，优化边疆地区的生态安全屏障体系，在生态环境良好的地区构建生态廊道和生物多样性保护网络；在全国城乡地区增强生态产品的生产和提供能力；等等。

对于满足人民日益增长的优美生态环境需要，在国外各项工作及其各个环节上要正确处理和加强我国生态文明建设与参与全球生态系统保护的关系。建设生态文明是中国共产党对新时代中国人民的庄严承诺，但在生态环境问题已经成为全球突出问题的全新形势下，参与全球生态治理也是中国作为负责任大国应尽的国际义务。为此，我国在加强生态文明建设的同时，还应该积极参与到全球性的生态环境保护议题和行动中去，例如：主动控制碳排放，落实减排承诺，不仅为中国的人民群众，而且为全世界各国各民族的民众提供更多优质的环境保护产品和更高质量的生存环境，实现全中国以至全世界的可持续发展。我们要以新时代的中国特色社会主义生态文明建设，为全球生态环境安全作出贡献，展现新时代中国承担全球生态环境治理和保护的国际责任和履行国际义务的大国风范，为各国各民族创造更美丽的生存和发展环境提供中国方案和中国智慧。同时，我国社会各界还要充分认识到，应对全球生态环境危机单靠一个或几个国家努力并不能取得根本性和决定性的胜利。中国提倡世界各国各民族要积极参与全球环境治理，但还要坚持共同却有所区别的生态环境治理和保护责任原则和公平原则。总而言之，与国际社会在生态环境治理和保护的议题与行动上共同构建合作共赢、公平合理的全球机制，既是新时代中国特色社会主义生态文明建设的题中应有之义，也是创设满足人民日益增长的优美生态环境需要的外部条件。而只有让新时代中国社会各界尤其是广大人民群众主动参与到国际生态环境保护的协同行动中去，特别是积极应对气候变化，才能不仅共同保护好人类赖以生存的地球家园，而且切实创设好满足人民日益增长的优美生态环境需要的外部条件。

三　不断加强改进环境保护与生态治理事务

针对改进环境保护与生态治理的事务，习近平总书记在党的二十大报告中指出："我们要推进美丽中国建设，坚持山水林田湖草沙一体化保护和系统治理，统筹产业结构调整、污染治理、生态保护、应对气候变化，协同推进降碳、减污、扩绿、增长，推进生态优先、节约集约、绿色低碳发展。"① 这表明党和政府在接下来的工作中必须加快转变社会经济"重发展、轻保护"的历史惯性。必须承认，

---

① 习近平：《高举中国特色社会主义伟大旗帜 为全面建设社会主义现代化国家而团结奋斗——在中国共产党第二十次全国代表大会上的报告》，人民出版社，2022，第50页。

全国各地在许多方面、部分领域和一定范围内依然存在不同程度的环境保护与生态治理懈怠状况，而一些地方党委、政府及有关部门面对生态环境治理和保护的任务，仍存在危机感和紧迫感不强的问题。因此，要真正把生态环境治理和保护工作放在新时代国家发展的战略全局中去认识、考量和把握，就要改变以往各地各级党委和政府以及相关部门、企事业单位生态环境治理和保护工作责任意识不强，在具体工作推进上不严不实的状况。对此，党的十九大以来，中共中央和国务院加大了政策落实的力度，旨在改正部分地区相关部门对于生态环境治理和保护"不作为、慢作为"的消极情况，以及环境保护工作推动落实不够到位等突出问题。习近平总书记表示，各地各级党委和政府必须"立行立改、长期坚持"，将工作和政策推行真正落实到加强生态文明建设和环境保护之上，要"正视问题、着力解决问题"，而不要去"掩盖问题"。为此，习近平总书记进一步指出，"群众天天生活在环境之中，对生态环境问题采取掩耳盗铃的办法是行不通的。党中央对生态环境保护高度重视，不仅制定了一系列文件、提出了明确要求，而且组织开展了环境督察，目的就是要督促大家负起责任，加紧把生态环境保护工作做好"①。为此，全国各地各级领导干部要以维护人民健康为导向，牢固树立生态文明理念，强化生态环境保护意识，提升绿色发展能力。为了完成这一工作任务，全国各地各级党委和政府应当确立高度的生态文明建设的政治意识，不断加强改进对环境保护与生态建设的组织领导，进而在具体工作的推进和落实上，"按照绿色发展理念，实行最严格的生态环境保护制度，建立健全环境与健康监测、调查、风险评估制度，重点抓好空气、土壤、水污染的防治，加快推进国土绿化，治理和修复土壤特别是耕地污染，全面加强水源涵养和水质保护，

---

① 中共中央文献研究室编《习近平关于社会主义生态文明建设论述摘编》，中央文献出版社，2017，第90页。

综合整治大气污染特别是雾霾问题，全面整治工业污染源，切实解决影响人民群众健康的突出环境问题"①。总而言之，生态环境治理和保护应将维护人民健康摆在工作的重要位置。

　　不断加强改进环境保护与生态治理事务，从发展角度看，需要推进供给侧结构性改革予以提供基础性支持。推进供给侧结构性改革是中共中央、国务院作出的重大决策部署，也是我国"十三五"时期的发展主线，对于提高社会生产力水平以及不断满足人民日益增长的物质文化和生态环境需要而言，具有十分重要的战略意义。因此，推进供给侧结构性改革对于不断加强改进环境保护与生态治理事务，以及在新时代国家发展的全过程中能够发挥生产机制层面的根本动力作用。在供给侧结构性改革的重点部署中，"去产能、去库存、去杠杆、降成本、补短板"是其主要内容，同加强改进环境保护与生态治理事务具有极为重要和极为紧密的内在联系，因此各地各级党委和政府愈来愈深刻地意识到，生态环境治理和保护工作应该在推进供给侧结构性改革的重点工作中扮演重要的、积极的角色。近年来，为进一步加强推进供给侧结构性改革与改进环境保护与生态治理事务之间协调并进和相互服务，各地各级党委和政府纷纷出台一系列政策，逐渐改变以往局限于从行政管理的角度出发开展工作的不足，并逐步走出环境保护与生态治理措施针对性不强、供给侧结构性改革效果不佳的境况，从而减轻了基层工作人员和人民群众面对供给侧结构性改革和环境保护与生态治理的负担。通过几年以来的共同实践，供给侧结构性改革对于生态环境保护和治理的服务获得了较大成效，从而愈来愈让各地各级党委、政府以及相关部门意识到，推进生态服务领域的供给侧结构性改革，确实能够切实增强人民群众对于健康生活、美丽环境和友好生态的获得感。对此，习近平

---

　　① 　中共中央文献研究室编《习近平关于社会主义生态文明建设论述摘编》，中央文献出版社，2017，第 90~91 页。

总书记在 2016 年中央财经领导小组第十四次会议上指出，"当前，老百姓对农产品供给的最大关切是吃得安全、吃得放心。农业供给侧结构性改革要围绕这个问题多做文章。要把增加绿色优质农产品供给放在突出位置，狠抓农产品标准化生产、品牌创建、质量安全监管，推动优胜劣汰、质量兴农"①。新时代中国特色社会主义生态文明建设与供给侧结构性改革有着密切关系，这是因为生态文明建设的本质是推动绿色发展，而绿色发展的关键是以尽可能少的能源资源消耗和环境破坏来实现经济社会发展。

推进生态环境保护和治理是我国新常态下的重要战略目标，与全面建设社会主义现代化国家也有着重大的、内在的紧密联系。生态文明建设是一项精准发力的工作，做好这项工作关涉人民生活品质和水平的提高，因此必须从全面建设社会主义现代化国家的高度出发，做好"凝民心、聚民智、集民力"的工作，目的在于为人民群众提供"低碳、生态、便利、适宜"的社会生活产品供给以及崇尚"科学、艺术、心性、内省、审美"的多层次社会精神财富供给，例如，有些地方就积极推进绿色消费革命、引导绿色饮食、鼓励绿色居住等。对此，习近平总书记提醒道："人民群众关心的问题是什么？是食品安不安全、暖气热不热、雾霾能不能少一点、河湖能不能清一点、垃圾焚烧能不能不有损健康、养老服务顺不顺心、能不能租得起或买得起住房，等等。相对于增长速度高一点还是低一点，这些问题更受人民群众关注。如果只实现了增长目标，而解决好人民群众普遍关心的突出问题没有进展，即使到时候我们宣布全面建成了小康社会，人民群众也不会认同。"② 在此意义上，全面建设社会主义现代化国家、推进

---

① 中共中央文献研究室编《习近平关于社会主义生态文明建设论述摘编》，中央文献出版社，2017，第 91 页。

② 中共中央文献研究室编《习近平关于社会主义生态文明建设论述摘编》，中央文献出版社，2017，第 91 ~ 92 页。

供给侧结构性改革、改进环境保护与生态治理事务是"三位一体"的事情。为此，中共中央和国务院提出，各地各级党委和政府要牵头做好三者的统一部署工作，着力改善经济生产的供给体系，提高供给的效率和质量、坚持供给侧结构性改革和改进环境保护与生态治理事务同步进行，着力调整经济结构、发展方式结构、增长动力结构，以此为落实好以人民为中心的改进环境保护与生态治理事务提供全方位的支持。

而做好以上几项工作，需要更加突出党委与政府在改进环境保护与生态治理事务中的领导与主导地位。其中，中共中央主要通过生态环境保护督察的方式，做好对地方党委和政府的环保责任的配置工作，使党的领导与政府的牵头作用形成全面的、积极的治理效果：第一，积极领导改进环境保护与生态治理事务工作，以民主集中的施政能力建设生态文明；第二，坚定肩负领导与主导的责任，监督和督促所在地区、所辖地方的生态环境治理、保护和监管的相关职责，尤其是要在各地方形成生态环境保护的积极的、综合性的治理效应；第三，领导贯彻落实生态环境保护的全过程治理体系。将"督政"作为中央生态环境治理和保护的督察制度的核心功能和核心权力。通过"督政"，由中央向地方实行层层传导的生态环境治理和保护的"压力"，督促各地各级党委和政府依法"督企"，从而实现以"督政"促进"督企"的有序进行。在贯彻落实生态环境保护的全过程治理体系的过程中，党委和政府还可以广泛吸纳媒体、社会公众等主体的参与，在党委的领导下实现社会公众对地方政府环境监管工作的监督以及对相关企业依法生产和做好环境保护的监督。

第二节　建设城市和乡村美丽生态环境

党的十八大以来，以习近平同志为核心的党中央高度重视生态文明建设，作出了一系列推动城乡生态文明建设的重大决策部署。2022 年 5 月，习近平总书记在《求是》发表题为《努力建设人与自然和谐共生的现代化》的文章总结指出："蓝天白云重新展现，绿色版图不断扩展，绿色经济加快发展，能耗物耗不断降低，浓烟重霾有效抑制，黑臭水体明显减少，城乡环境更加宜居，美丽中国建设迈出坚实步伐，绿水青山就是金山银山的理念成为全党全社会的共识和行动。"① 这深刻且明确地表达了党和人民大力推进城乡生态文明建设的鲜明态度和坚定决心。建设和谐、宜居、美丽的城乡生态环境既是新时代生态文明建设的基本目标，也是新时代生态文明建设的重任。

一　美丽城市建设是美丽中国建设的重要组成部分

美丽城市建设就是要把城市生态文明建设融入经济建设、政治建设、文化建设、社会建设的各方面和全过程之中，其目的是避免使城市变成一块密不透气的"水泥板"。从中华民族自古以来对美好生活、理想生活的向往来看，这既是一个遥远的历史记忆，也是一种全新的文化追溯。对此，习近平总书记在 2015 年 12 月 20 日召开的中央城市工作会议上指出："山水林田湖是城市生命体的有机组成部分，不能随意侵占和破坏。这个道理，二千多年前我们的古人就认识到了。《管子》中说：'圣人之处国者，必于不倾之地，而择地形之肥饶者。乡山，左右经水若泽。'事实上，我们现在一些人与自然和谐、风景如画的美丽城市就是在这样的理念指导下逐步建成的。……要停止那些盲目改造自然的行为，不填埋河湖、湿地、水田，不用水泥裹死原生态河流，避免使城市变成一块密不透气的'水泥板'。"② 新时代的中国社会各界，亟须站在中华民族永续发展

---

① 习近平：《努力建设人与自然和谐共生的现代化》，《求是》2022 年第 11 期。

② 中共中央文献研究室编《习近平关于社会主义生态文明建设论述摘编》，中央文献出版社，2017，第 66~67 页。

的历史高度，对危及当前城乡生态环境的各项问题有一个清晰的认识。这是因为随着城市化进程的加快和城市人口的膨胀，各种环境问题也日益凸显，空气质量急剧下降、水资源污染与短缺、噪声污染等问题迫切需要解决。2013 年 9 月，习近平总书记在参加河北省委常委班子专题民主生活会时指出："高耗能、高污染、高排放问题如此严重，导致河北生态环境恶化趋势没有扭转。在全国重点监测的七十四个城市中，污染最严重的十个城市河北占七个。不坚决把这些高耗能、高污染、高排放的产业产量降下来，资源环境就不能承受，不仅河北难以实现可持续发展，周围地区甚至全国生态环境也难以支撑啊！这些年，北京雾霾严重，可以说是'高天滚滚粉尘急'，严重影响人民群众身体健康，严重影响党和政府形象。"①

　　有关调查显示，我国城市生态环境问题是当前人民群众最为关注的社会生活和发展问题，而在中国城市居民理想的日常居住和工作环境因素体系中，首要的是"清新的空气"，其次是"干净的街道、绿树成荫的公共园林、绿意盎然的绿化空间"，第三则是"充足、清洁的水源"；对于闲暇的生活环境因素，城市居民最渴望亲近的是由森林和草地组成的森林公园和郊外农村田园。② 其中，以森林公园为代表的自然生态休闲场所并不多，难以满足城市居民需求的问题最为突出。另外，随着城市人口不断增加和城市工业的快速发展，城市用水量与日俱增，生活污水和工业废水的排放量也非常惊人，值得一提的是，这些生活污水和工业废水大都未经处理而直接排到江河湖海中去，这就直接污染了江河水源。城市寸土寸金，为提高居住率，高楼大厦如雨后春笋般拔地而起，而绿地面积则在日益减少。越来越多的绿地被开发利用成工厂、高楼、广场等，城市绿地的多种环境功能正

---

① 中共中央文献研究室编《习近平关于社会主义生态文明建设论述摘编》，中央文献出版社，2017，第 85 页。

② 《中国城市居民生态需求调查报告》，《中国绿色时报》2008 年 3 月 14 日，第 4 版。

在逐步丧失，这已经成为尖锐的环境问题。对此，习近平总书记批评指出："过去很长一段时间，我们城市工作指导思想不太重视人居环境建设，重建设、轻治理，重速度、轻质量，重眼前、轻长远，重发展、轻保护，重地上、轻地下，重新城、轻老城。现在，人民群众对城市宜居生活的期待很高，城市工作要把创造优良人居环境作为中心目标，努力把城市建设成为人与人、人与自然和谐共处的美丽家园。"① 进入新时代以后，全国各城市开始大力进行美丽城市建设。

案例：

近年来，广州深入推进"三旧"改造，用微改造的"绣花"功夫活化百年历史街区，让城市留下记忆，让人们记住乡愁。在广州这座千年古城中，"旧"和"新"正充分地有机结合，使老城市焕发出新活力。骑楼建筑、麻石路、西关大屋……漫步永庆坊，可以沿街察看"老西关"旧城改造、历史文化建筑修缮的保护情况，也可以在街边不起眼的照相馆、充满回忆的士多店拍照打卡，感受传统文化底蕴与现代商业活力的完美融合。

自从旧城改造后，永庆坊的环境有了翻天覆地的变化。过去，恩宁路、永庆坊是一片破旧不堪的平房，到处杂草丛生，河涌都是臭的。而现在恩宁路路面平整，每天都很干净。永庆坊的发展也带动了周边的商业和生活配套，去外面买东西、去医院都方便了不少。但永庆坊的改造并非一蹴而就。南都记者了解到，早在十几年前，恩宁路改造方案采取的是政府主导的大拆大建模式，追求经济平衡和高容积率，但这个模式会改变历史街区风貌，也因此没有推行下去。广州亚运会前，恩宁路以保护历史街区为前提重新制定改造方案，最美骑楼街才得以

---

① 中共中央文献研究室编《习近平关于社会主义生态文明建设论述摘编》，中央文献出版社，2017，第89页。

保留。永庆坊的环境改造不仅是设计和施工精细化，更意味着精细化治理，使市民充分参与城市治理，并从中获得更多的幸福感。除了景观方面的改善，生态环境基础设施方面也有了很大改善，比如三线下地、雨污分流；在空间配套方面，比如停车场、开放空间以及绿地等的建设。

　　——根据《广州百年老城区"逆生长"，青砖黛瓦骑楼古巷，满满"回忆杀"》^① 整理

　　2018 年 10 月 24 日下午，习近平总书记在广州市荔湾区西关历史文化街区永庆坊考察。广彩、广绣、粤剧……一条老街，一间间老店铺，仿佛一幅徐徐展开的画卷。习近平总书记边走边看，边听边问。谈到城市规划建设，他强调，城市文明传承和根脉延续十分重要，传统和现代要融合发展，让城市留下记忆，让人们记住乡愁。现在的永庆坊虽然仍坐落在广州最具"广味"的荔湾区西关，但迎来了全新的发展。大街小巷里，弥漫着浓郁的岭南文化气息。近年来，通过"修旧如旧"的旧城改造，永庆坊既保持了"原汁原味"的西关老城风貌，又吸收了不少时尚元素，成为广州年轻人文化创意的聚居地。这里一年到头，文化展览不断，弦歌不绝于耳，成为广州众多特色文化街区的代表。^② 以上案例表明，习近平总书记真切让社会各界意识到，人民对美好生活的向往是中国共产党的奋斗目标。正是坚持以人民为中心的发展思想，广州市委和市政府才启动了以永庆坊为代表的旧城改造工作，改造范围之广、项目之多，实现了全市上下、社会各界的通力合作。正是为了满足人民对美好生活的向往，全市各部门和各企事业单位才迎难而上、勇于担当，为旧城区改出了全新的发展空间，

① 《广州百年老城区"逆生长"，青砖黛瓦骑楼古巷，满满"回忆杀"》，南方都市报 App·南都原创，2020 年 6 月 15 日，http://m.mp.oeeee.com/a/BAAFRD000020200615335138.html。

② 参见《习近平与中国文化遗产保护》，《人民日报》（海外版）2020 年 5 月 19 日，第 7 版。

改出了民心所向的美丽城区，改出了传统和时尚并存的新型文化小区。美丽城市建设是美丽中国建设的重要组成部分，旧城改造事关城市品质提升，事关美丽城市的颜值与内涵，是人民群众对美丽中国的迫切期待。因此，做好美丽城市建设，既是顺应人民群众期盼的决策部署又是提升群众幸福感的具体行动，这不仅涉及城市居住环境的改善和生活品质的提高，还关系城市经济产业的发展繁荣。

二　鼓励社会各界积极参与农村人居环境整治

第一，乡村振兴要为农民而兴。"统筹推动乡村生态振兴、农村人居环境整治，有力防治农业面源污染，建设美丽乡村。"① 第二，乡村振兴要让发展成果更多更公平惠及广大农民群众。"人民群众对生态环境质量的期望值更高，对生态环境问题的容忍度更低。要集中攻克老百姓身边的突出生态环境问题，让老百姓实实在在感受到生态环境质量改善。"② 这都要求必须坚持以广大农民群众为中心，把建设美丽乡村转化为社会各界的自觉行动。

党的十八大报告提出，"把生态文明建设放在突出地位，融入经济建设、政治建设、文化建设、社会建设各方面和全过程，努力建设美丽中国，实现中华民族永续发展"③，第一次提出了城乡统筹协调发展，以及建设"美丽中国"的全新发展理念。《关于加快发展现代农业进一步增强农村发展活力的若干意见》又提出了"加强农村生态建设、环境保护和综合整治，努力建设美丽乡村"④ 的目标，

---

① 习近平：《以美丽中国建设全面推进人与自然和谐共生的现代化》，《求是》2024 年第 1 期。
② 习近平：《努力建设人与自然和谐共生的现代化》，《求是》2022 年第 11 期。
③ 中共中央文献研究室编《十八大以来重要文献选编》（上），中央文献出版社，2014，第 30～31 页。
④ 中共中央文献研究室编《十八大以来重要文献选编》（上），中央文献出版社，2014，第 105 页。

标志着"美丽乡村建设"作为社会主义新农村建设的延伸正式提出。而习近平总书记也在 2013 年召开的中央农村工作会议上强调，"中国要强，农业必须强；中国要美，农村必须美；中国要富，农民必须富"①，从而明确了建设美丽中国必须建设好"美丽乡村"，以及建设"美丽乡村"的重要性和重要意义。2015 年 4 月，中共中央、国务院发布《关于加快推进生态文明建设的意见》，专门提出了"加快美丽乡村建设"的条目，明确了美丽乡村建设的具体要求。2015 年 6 月《美丽乡村建设指南》正式实施，这标志着中国美丽乡村建设正式步入"有标可依"的时期。2017 年中央一号文件进一步把"美丽乡村"建设提升到夯实农村共享发展基础的高度加以规划推行。② 2019 年 6 月，中共中央政治局召开会议审议《中国共产党农村工作条例》时强调，继承和发扬党管农村工作的优良传统、加快推进农业农村现代化，务必全面实现乡村振兴这一战略任务，而做好乡村振兴这一战略任务的关键工作就是做好美丽乡村建设，尤其是做好农村人居环境整治。③

　　有研究表明，相对于城市生态环境，我国农村地区普遍存在以下问题。第一，农民群众对生态环境综合整治的意识有待提高，对党和政府领导开展农村人居环境整治工作的期望值处于较低水平，自主投入工作和投入劳动支持的热情与积极性滞后于党和政府对农村人居环境整治工作的投资。第二，农村人居环境"脏乱差"问题仍普遍存在。部分地区农村生活垃圾的收集工作跟不上、生活垃圾清运不及时。在一些边远山区的农村地区，生活污水任意排放、生产生活产生的杂物乱堆和乱放，放养畜禽的粪便散布于人居生活场所，水土维护不完善导致排水沟淤积等。第三，广大农村地区对于人居环境综合整

---

① 中共中央党史和文献研究院编《习近平关于"三农"工作论述摘编》，中央文献出版社，2019，第 3 页。
② 参见李雷《公共艺术与空间生产》，文化艺术出版社，2021，第 227～228 页。
③ 《中共中央印发〈中国共产党农村工作条例〉》，中央政府门户网站，2019 年 9 月 1 日，https：//www. gov. cn/zhengce/2019 - 09/01/content_ 5426319. htm? tdsourcetag = s_ pcqq_ aiomsg。

治的长效管理机制还没有完全建立起来。农村人居环境整治需要长期和大量的资金投入，但由于大部分乡镇财政力量较为薄弱，从而影响了农村人居环境整治工作的有序和及时开展，公共卫生方面等长效管理所需经费更是难以做到充足和及时的补给。① 然而，对于党和政府而言，可持续地改善广大农村地区的人居环境，是实施乡村振兴战略的一项重要任务，事关广大农民群众的根本福祉。党的十八大以来，我国农村人居环境状况的综合整治工作取得了较大的成效，但"脏乱差"问题在一些地区还比较突出，这与广大农民群众对美好生活的向往还有较大差距，仍然是当前我国经济社会发展的突出短板。从当前全国大部分农村地区来看，人居环境矛盾最突出的就是生活生产所带来的环境污染和"脏乱差"问题。因此，党的十八大以来，全国各地加大了对农村人居环境的综合整治力度，把农村人居环境整治工作作为加快乡村振兴、提高农村人居环境生活质量的一项重要任务来抓。习近平总书记在 2016 年农村改革座谈会上指出，"要因地制宜搞好农村人居环境综合整治，改变农村许多地方污水乱排、垃圾乱扔、秸秆乱烧的脏乱差状况，给农民一个干净整洁的生活环境"②，以改善农村人居环境"脏乱差"状况为突破口，重点开展农村垃圾整治、镇容村貌整治、农村河塘整治等工作。这些工作的成功开展，将会使广大农民群众的幸福指数实现快速提升。

案例：

综观河南，农村人居环境整治也交出了一份优异的成绩单。

---

① 《乡村振兴战略下农村人居环境整治面临的形势及存在的问题》，玉树市乡村振兴局公众号，2021 年 10 月 7 日，https：//mp. weixin. qq. com/s？ ＿ ＿ biz = MzU3NjQ5NzQwOA = = &mid = 2247506540&idx = 3&sn = 886693af1a2a3ecd1464a54074cc941b&chksm = fd106803ca67e1157507 c555669116bec97f85711e19754e28e19e660ac9cc14a9213ebdbbdd&scene = 27。

② 中共中央文献研究室编《习近平关于社会主义生态文明建设论述摘编》，中央文献出版社，2017，第 89 页。

河南省委农办主任、省农业农村厅厅长申延平介绍，自 2018 年实施农村人居环境整治三年行动以来，河南省农村人居环境水平明显提升，共完成无害化卫生厕所改造 637 万户，卫生厕所普及率达到 83%，85% 以上的县（市、区）建成全域一体城乡融合的市场化保洁机制，95% 的行政村生活垃圾得到有效治理，群众满意度保持在 80% 以上。

为让乡村环境变美，平桥区各村成立了专业的保洁队，结合网格化管理，无死角、无盲区推进村居环境改善；组建党员先锋队和志愿者服务队，每周对主街道、背街小巷等进行全面清理。同时，注重长效机制建设，利用大数据技术建立智慧环卫管理云平台，实现对环卫人员、车辆、保洁效果的实时监管。

近年来，河南省持续推进农村畅通工程、绿化工程、亮化工程，加强通村组道路建设，加快村内道路硬化、坑塘河道治理、公共场所绿化，加强村庄公共照明设施建设，极大地改善了农村基础设施建设和公共服务水平。目前，全部行政村实现通硬化路、通客车，乡村绿化覆盖率达 34.5%，80% 的行政村公共场所等重点部位有照明，农村集中供水率达到 93%，自来水普及率达到 91%。

——根据《绽放美丽乡村新活力　河南省推进农村人居环境整治综述》① 整理

从上述案例可知，全国农村生态环境治理和农村人居环境的综合整治获得了一定的成绩，并能够从细微处看到问题及治理成效。此外，社会上对农村人居环境的综合整治有"小厕所，大民生"的说法，而习近平总书记也指出，"解决好厕所问题在新农村建设中具有

① 《绽放美丽乡村新活力　河南省推进农村人居环境整治综述》，河南省农业农村厅网站，2020 年 10 月 10 日，https：//nynct. henan. gov. cn/2020/10 - 10/1819863. html。

标志性意义，要因地制宜做好厕所下水道管网建设和农村污水处理，不断提高农民生活质量"①。近年来，全国各地农村地区通过大力推进"厕所革命"，逐步解决了广大农民群众"如厕难"的问题。做好这一项工作务必坚持"硬件""软件"一起抓，即在提升农村公共设施建设水平和质量的同时，提高农民群众维护农村生活环境和生态环境的公共意识，把农村人居环境整治与农村精神文明建设相结合，尤其是要做好公共卫生工作和提高公共卫生意识。2016年8月，习近平总书记在全国卫生与健康大会上指出，"我们要继承和发扬爱国卫生运动优良传统，发挥群众工作的政治优势和组织优势，持续开展城乡环境卫生整洁行动，加大农村人居环境治理力度，建设健康、宜居、美丽家园"②。把农村人居环境整治与农村精神文明建设相结合，在具体工作方面就是推进农村物质文化建设和农民精神文明素质的共同提升，各级党委和政府以及农村基层党组织、村委会等要做好健康生活方式的宣传教育，健全"村规"和"民约"的公共道德和文明建设，引导广大农民群众自觉形成守护农村人居环境和建设美丽乡村的责任感。

引导广大农民群众自觉形成守护农村人居环境和建设美丽乡村的责任感，需要调动社会各界力量的积极参与。从经济效益方面考虑，近年来各地党委和政府鼓励各类企业积极参与农村人居环境的整治项目。第一，通过领导和规范推广"政府+社会资本"的合作模式，以及通过颁发"特许经营"等方式，愈来愈吸引社会资本参与农村垃圾污水处理、固体垃圾处理、镇容村貌整治、农村河塘整治等农村人居环境的整治项目；第二，引导有条件的地区将农村环境基础设施建设与特色产业、休闲农业、乡村旅游等有机结合，实

---

① 中共中央文献研究室编《习近平关于社会主义生态文明建设论述摘编》，中央文献出版社，2017，第89页。

② 中共中央文献研究室编《习近平关于社会主义生态文明建设论述摘编》，中央文献出版社，2017，第91页。

现农村产业融合发展与人居环境改善互促互进；第三，引导相关部门、社会组织、个人通过捐资捐物、结对帮扶等形式，支持农村人居环境设施建设和运行管护；第四，倡导新乡贤文化，以乡情乡愁为纽带吸引和凝聚各方人士支持农村人居环境整治。①

此外，在推动农村用能革新方面，习近平总书记在 2016 年 12 月中央财经领导小组第十四次会议上的讲话中指出，"要按照企业为主、政府推动、居民可承受的方针，宜气则气，宜电则电，尽可能利用清洁能源，加快提高清洁供暖比重，争取用五年左右时间，基本实现雾霾严重城市化地区的散煤供暖清洁化"②。总而言之，第一，要鼓励使用适合当地特点和农民需求的清洁能源；第二，要推广应用太阳能光热和光伏等技术产品，推动村民日常照明、炊事、采暖、制冷等用能绿色低碳转型。"要通过发展绿色金融，加大对清洁供暖企业和项目的支持力度。煤改气要多方开拓气源，提高管道输送能力，在落实气源的前提下有规划地推进，防止出现气荒。要支持规模化养殖企业和专业化企业生产沼气、生物天然气，促进秸秆沼气化，更多用于农村清洁取暖。"③

做好农村人居环境整治工作，还要做好建设绿色生态村庄的工作。习近平总书记提出，"在实施绿色生态导向的农业政策中，要支持农村居民、新型农村经营主体等使用畜禽废弃物资源化产生的有机肥。要比照资源循环型企业的政策，支持从事畜禽养殖废弃物资源化利用的企业发展。各地要创造良好市场环境，帮助企业形成可

① 参见《中共中央办公厅国务院办公厅印发〈农村人居环境整治三年行动方案〉》，中央政府门户网站，2018 年 2 月 5 日，http：//www.gov.cn/zhengce/2018－02/05/content_5264056.htm？from＝1081093010&wm＝3333_2001&weiboauthoruid＝5000609535。
② 中共中央文献研究室编《习近平关于社会主义生态文明建设论述摘编》，中央文献出版社，2017，第 92 页。
③ 中共中央文献研究室编《习近平关于社会主义生态文明建设论述摘编》，中央文献出版社，2017，第 93 页。

持续的商业模式和盈利模式"①。从数据上看，近年来，我国农村能源使用结构不断优化，用能质量不断提升。2021 年 3 月 30 日上午，国务院新闻办公室举行中国可再生能源发展有关情况发布会，国家能源局局长章建华在会上介绍，可再生能源是绿色低碳能源，是我国多轮驱动能源供应体系的重要组成部分，对于改善能源结构、保护生态环境、应对气候变化、实现经济社会可持续发展具有重要意义。近年来，特别是党的十八大以来，在党中央坚强领导下，全国能源行业深入贯彻习近平生态文明思想和"四个革命、一个合作"能源安全新战略，齐心协力、攻坚克难，大力推动可再生能源实现跨越式发展，取得了举世瞩目的伟大成就。② 2023 年 3 月 23 日，国家能源局、生态环境部、农业农村部、国家乡村振兴局印发《农村能源革命试点县建设方案》提出，到 2025 年，试点县可再生能源在一次能源消费总量占比超过 30%，在一次能源消费增量中占比超过 60%。可再生能源新模式新业态广泛发展，就地消纳能力明显提升，新型电力系统配电网建设成效显著，非电利用多元化、成规模。到 2025 年，国家大气污染防治重点区域试点县平原地区实现炊事、取暖和农业散煤基本清零，其他区域试点县制定平原地区炊事、取暖和农业散煤清零规划并有序组织实施。以可再生能源产业经济带动农民增收，基本形成以清洁能源为主、安全可靠的农村能源供给、消费、技术体系和管理体制。③

以习近平同志为核心的党中央站在中华民族永续发展的高度，

---

① 中共中央文献研究室编《习近平关于社会主义生态文明建设论述摘编》，中央文献出版社，2017，第 95 ~ 96 页。

② 参见戴厚良《深入学习贯彻习近平生态文明思想为建设能源强国贡献力量》，中国共产党新闻网，2022 年 1 月 21 日，http://theory.people.com.cn/GB/n1/2022/0121/c40531 - 32336429.html。

③ 参见《四部门发文：开展农村能源革命试点县建设 以点带面加快农村能源清洁低碳转型》，中国环境网，2023 年 3 月 24 日，https://www.cenews.com.cn/news.html? aid = 1042919。

统筹推进"五位一体"总体布局、协调推进"四个全面"战略布局，把生态文明建设放在突出位置来抓，提出："动员全社会力量推进生态文明建设，共建美丽中国，让人民群众在绿水青山中共享自然之美、生命之美、生活之美，走出一条生产发展、生活富裕、生态良好的文明发展道路。"①动员全社会力量推进生态文明建设，能够筑牢国家生态安全的重要屏障，实现经济效益、社会效益、生态效益相统一。

第三节　全社会联动和协作的污染治理

生态环境保护和生态文明建设是我国持续发展最为重要的基础。从统筹推进"五位一体"总体布局和协调推进"四个全面"战略布局来看，我们必须把生态文明建设放在突出位置来抓，全社会联动和协作进行污染治理，筑牢国家生态安全的重要屏障，实现经济效益、社会效益、生态效益相统一。中共中央和国务院多次发布重要文件，要求各级党委、政府及社会各界把生态文明建设作为一项重要任务，解决好人民群众关心的环境污染问题——尤其是生活居住环境污染问题，切实把中共中央、国务院关于生态文明建设的决策贯彻落实好，为建设美丽中国、维护中国生态环境安全作出更大贡献。

一　增强抓好生态环境保护的责任感和使命感

首先，抓好生态环境保护，需要党和政府提高政治站位、明晰发展大势，进一步增强抓好生态环境保护的责任感和使命感。在抓

---

① 习近平：《在纪念马克思诞辰 200 周年大会上的讲话》，人民出版社，2018，第 21～22 页。

好生态环境保护的工作过程中，党和政府要把保护良好的生态环境作为必须肩负起的政治责任，以此为生态环境保护打好政治基础，让人民群众认识到，良好的生态环境既是最为普惠的民生福祉，又是实现高质量发展的根本保障。其次，抓好生态环境保护，需要明确必须深入打好污染防治攻坚战。在此过程中，党和政府将领导相关部门及社会各界，尤其是鼓励各企事业单位和城乡基层组织协同合作，对日常生产和生活中有损生态环境和人民健康的污染进行及时的防治，从而不断提升城乡全域的生态环境质量和生活环境品质。再次，抓好生态环境保护，需要明确必须抓好重点的和关键的综合治理环节。在综合整治环境污染的过程中，党和政府应该充分组织动员社会各界对社会生产的各环节采取强化污染整治的精准举措。最后，抓好生态环境保护，需要明确必须坚定不移走"生态优先、绿色发展"之路。党和政府要领导好、协同好社会各界，加快在社会生产的各个领域、各个环节、各个层面打造"绿色场景"和"绿色典范"，在生态环境保护的计划决策环节做好"绿色发展"的总体谋划。

案例：

　　《中共中央 国务院关于完整准确全面贯彻新发展理念做好碳达峰碳中和工作的意见》（以下简称《意见》）和《2030年前碳达峰行动方案》（以下简称《方案》）两项碳达峰碳中和顶层设计文件相继出台，提出了推进碳达峰碳中和工作的指导思想、工作原则、主要目标和任务举措，擘画了我国绿色高质量发展蓝图。《意见》和《方案》将加快形成绿色生活方式写入重点任务，部署"绿色低碳全民行动"，进一步凸显了增强节约意识、动员全民参与、形成绿色生活方式在碳达峰碳中和工作中的重要地位。全民广泛参与是实现碳达峰碳中和的持久动力。《意见》和

《方案》明确提出要增强全民节约意识、环保意识、生态意识，把绿色理念转化为全体人民的自觉行动。一方面，大力推进全民绿色低碳行动，可以显著降低终端消费碳排放强度。从国际上看，美国、德国、日本等发达国家人均用能分别为9.9吨、5.5吨和5.2吨，而我国目前人均用能约为3.5吨。当前，我国仍处于工业化、城镇化深化发展阶段，人均用能还有较大提升空间。只有引导全民广泛参与，自觉节水节电、践行低碳出行、杜绝粮食浪费，才能以更低的能耗和碳排放水平实现更高质量的经济增长。另一方面，公众消费偏好对企业生产行为具有重要的导向作用，绿色生活方式将反向推动生产方式转变。引导公众广泛认知、践行绿色低碳理念，将有力推动能源开发、工业生产、交通运输、城乡建筑各领域发展方式转换，也是助推可再生能源开发、新能源车船替代、低碳建筑发展等减碳政策落地的关键。

　　——根据《全民践行绿色低碳行动　助力实现碳达峰碳中和目标》① 整理

　　因为抓好生态环境保护是全社会的公共事务，所以相应地需要有政策和制度上的顶层设计予以支持，这将有利于全社会增强抓好生态环境保护的责任感和使命感。为此，编制全国各地"碳达峰"行动方案就成了抓好生态环境保护的总体性计划和示范性行动，并在2021年提上了日程。2021年10月颁布的《2030年前碳达峰行动方案》，能够为全社会联动和协作的污染治理明确"碳达峰"的目标任务、计划时间和实践路径。而对于如何落实《2030年前碳达峰行动方案》，国务院要求坚持"总体部署、分类施策，系统推进、重点突破，

---

① 《全民践行绿色低碳行动　助力实现碳达峰碳中和目标》，中华人民共和国国家发展和改革委员会网站，2021年11月15日，https://www.ndrc.gov.cn/fggz/fgzy/xmtjd/202111/t20211122_1304610.html。

双轮驱动、两手发力，稳妥有序、安全降碳"的工作原则，强化顶层设计和各方统筹，加强政策的系统性、协同性，更好发挥政府作用，充分发挥市场机制作用，坚持先立后破，以保障国家能源安全和经济发展为底线，推动能源低碳转型平稳过渡，稳妥有序、循序渐进推进"碳达峰"行动，确保安全"降碳"。[①] 这从"碳达峰"行动上，为全社会增强抓好生态环境保护的责任感和使命感做好了方案性的政策支持。

增强抓好生态环境保护的责任感和使命感，必须落实到全社会生产和生活的各个环节、各个领域和各个层面。各地各级党委和政府及相关环保部门，要对全社会大众负责，严格把控好生态环境保护的"关口"，认真落实国务院相关的生态环境管控要求，从严开展生态环境治理和保护的项目评审和审批工作；各企事业单位，要依法遵从环境保护法规以及政府有关部门的政策和管理，配合所在地政府大力调整和优化"四大结构"，"适度压缩生产空间、优化生活空间、扩大生态空间"，杜绝"无效供给、低端产能"的现象出现，以及实现"高端产业、绿色产业"的积极生产发展；在产业经济发展规划方面，政府要积极引领绿色产业发展的市场趋势，加快推动能源消费向"清洁化"和"低碳化"的战略方向转型和发展；社会大众要积极配合党委和政府以及相关环境保护部门，主动投入污染防治攻坚战中去，久久为功，可持续化地提高生态环境的质量，在城乡全域深入打好"三个战役"——"蓝天保卫战、碧水保卫战、净土保卫战"；城乡基层的一线工作者，要在日常生产和生活环节中严密防范和化解生态破坏与环境污染的各项风险，牢牢守住"生态健康"和"环境安全"这一条政治底线。其中，尤其是在"环境安全"的风险防控上，城乡基层的一线工作者需要明确自己的责任和使命，以此提升战斗在一线的环境

---

① 参见《国务院印发〈2030 年前碳达峰行动方案〉》，证券日报网，2021 年 10 月 27 日，http：//www.zqrb.cn/finance/zhongyaoxinwen/2021－10－27/A1635262657366.html。

应急能力，积极化解涉环保问题的各项矛盾和纠纷，携手各界群众加强生态保护和修复，守护好绿水、青山、蓝天和白云。尤其是在生态脆弱地区，城乡基层的一线工作者要携手各界群众增强抓好生态环境保护的责任感和使命感，稳步推进生态环境的修复和治理工作，如组织和发动人民群众参与大规模的绿化与植树行动，配合专业环保部门和团队治理水污染等。

二　做好全社会生态环境保护和绿色可持续发展工作

美丽中国建设同每个人息息相关，离不开每一个人的努力。在党和政府领导下做好全社会生态环境保护和绿色可持续发展工作，是建设美丽中国的应有行动。绿色可持续发展关乎人民群众对健康生活的需要，因此在对其进行具体落实的过程中，必须坚持"以人为本"的核心理念，围绕绿色—低碳—可持续发展进行"三位一体"的推进。习近平总书记在 2016 年 1 月召开的省部级主要领导干部学习贯彻党的十八届五中全会精神专题研讨班上强调："坚持节约资源和保护环境的基本国策，像保护眼睛一样保护生态环境，像对待生命一样对待生态环境，推动形成绿色发展方式和生活方式，协同推进人民富裕、国家强盛、中国美丽。"① 常言道，"绿色是生命的象征""绿色是大自然的底色"，这本质上是人民对良好自然环境的向往。为此，以习近平同志为核心的党中央提出，要让"绿色发展理念"在生态文明建设的全过程中发挥鲜明的引导和规范作用。

贯彻落实"绿色发展理念"具体体现为两项基本任务——做好全社会生态环境保护和绿色可持续发展工作。这不仅要求各地各级党委和政府、各生产单位、企业、各界群众在社会经济运行过程中全方位参与生态环境保护和治理，实行以"绿色可持续发

---

① 中共中央文献研究室编《习近平关于社会主义生态文明建设论述摘编》，中央文献出版社，2017，第 12 页。

展"为理念支撑的生产发展，还要求每个公民在日常生活中增强环境保护的意识，实现绿色消费。对于全社会生态环境保护和绿色可持续发展工作，习近平总书记曾经指出，"从压减燃煤、严格控车、调整产业、强化管理、联防联控、依法治理等方面都提出了一些重大举措，现在的关键是下大气力抓好落实，不断取得成效"①。只有将绿色发展理念真正融入国家、社会、企业、个人生产和生活的各个环节，才能真正做好全社会生态环境保护和绿色可持续发展工作。

做好全社会生态环境保护和绿色可持续发展工作，需要全社会协作，加强区域间的联防、联控，把党和政府提出的各项环境污染防治措施真正落到实处。生态环境污染危害的是全社会的安全和健康，因此对社会各界而言，要做好全社会生态环境保护和绿色可持续发展工作，务必做好综合性、总体性的整治工作，切实加强生态环境保护，努力从根本上、总体上、综合层面上扭转生态环境质量恶化的趋势。对此，习近平总书记 2014 年 2 月在北京市考察工作结束时指出，"要坚持标本兼治和专项整治并重、常态治理和应急减排协调、本地治污和区域协作相互促进原则，多策并举，多地联动，全社会共同行动，聚焦燃煤、机动车、工业、扬尘四大重点领域，集中实施压减燃煤、控车减油、治污减排、清洁降尘措施"②。习近平总书记的讲话说明，全社会共同行动，加强区域间的联防、联控，已经成为做好全社会生态环境保护和绿色可持续发展工作的重要手段，其具体措施包括：明确区域间的联防和联控规划，明确区域间的生态环境监管责任，以及明确生态环境保护项目评估等方面的职能权重和具体分工，等等。全

---

① 中共中央文献研究室编《习近平关于社会主义生态文明建设论述摘编》，中央文献出版社，2017，第 87 页。

② 中共中央文献研究室编《习近平关于社会主义生态文明建设论述摘编》，中央文献出版社，2017，第 87 页。

国各地各级党委和政府要敢于对本区域内的生态环境质量问题担责，以此加强社会各界沟通交流，使其积极分享生态环境保护的有效经验和有益做法，实现生态环境保护和治理经验、资源和技术的互助共享，共同构建生态环境污染风险的跨区域防治体系。

案例：

京津冀协同发展是国家的一项重大战略，战略的核心是有序疏解北京非首都功能，调整经济结构和空间结构，促进区域协调发展。生态环境保护作为协同发展的三大突破口之一，大气污染防治成为率先突破的重点领域之一。2014 年，京津冀及周边地区大气污染防治协作小组应运而生，在协作小组的推动下，区域将共同对燃煤污染、机动车排放、工业企业等实施减排措施。2015 年 11 月，京津冀环境执法联动工作机制也正式建立，京津冀三地生态环境部门确立了定期会商、联动执法、联合检查、重点案件"回头看"、信息共享五项工作制度。每年七八月份，还要召开一次联动执法工作联席会，共同确定下一年度的重点工作。区域还定期开展跨地区或交界地区环境污染等方面的联合联动执法。2015 年开始，北京和保定、廊坊两座城市结对治污，重点帮助廊坊和保定进行锅炉和散煤的清洁能源改造，到 2017 年，共投入帮扶资金 10.62 亿元。随着大气治理的推进，区域"统一"的项目越来越多，联动的队伍也在逐步壮大，从最初的京津冀三地，发展到山东、山西、河南、内蒙古加入，版图不断扩大。每当发生区域性的重污染，七省（区、市）联合会商，共享预报信息。

——根据《协同联动打赢蓝天保卫战——大气治理北京实践系列报道之二》[①] 整理

---

① 《协同联动打赢蓝天保卫战——大气治理北京实践系列报道之二》，北京市人民政府官网，2021 年 1 月 11 日，http://www.beijing.gov.cn/ywdt/gzdt/202101/t20210111_2210637.html。

首先，做好全社会生态环境保护和绿色可持续发展工作，还要牢固树立社会主义生态文明观，推动形成人与自然和谐发展的中国式现代化建设新格局，为保护中华民族永续发展的生态环境作出努力。做好全社会生态环境保护和绿色可持续发展工作是关系民生福祉、关乎民族未来的大计，因此生态红线是绝不能逾越的"雷池"。为此，各地各级党委和政府及其有关工作部门和干部必须自觉强化生态文明意识，大力弘扬保护生态环境的文明风尚，为全社会在生态环境治理和保护上提供正确的价值指引，让做好全社会生态环境保护和绿色可持续发展工作成为建设美丽中国、实现"两个一百年"奋斗目标与中华民族伟大复兴中国梦的重要抓手。其次，做好全社会生态环境保护和绿色可持续发展工作，还需要社会各界形成生态文明建设的道德意识。对于各地各级党委和政府及其有关工作部门和干部而言，就是必须始终坚持以人为本。作为中国共产党治国理政的基本力量和后备力量，青年党员是引领社会风气的最进步的力量，因此要紧密结合"两学一做"学习教育，认真学习关于"建设社会主义生态文明"的基本知识，尤其是习近平生态文明思想以及新发展理念的基本理论，不断提高自己自觉保护生态环境的使命感、责任感和紧迫感。在未来的成长路途中，青年党员要大力弘扬中华优秀传统文化中所蕴含的生态文明理念，真正使生态文明的智慧内化为广大青年、社会各界的精神追求和价值取向。

三　全社会协作的生态文明建设要求干部发挥以身作则作用

生态文明建设既是"五位一体"总体布局和"四个全面"战略布局的重要内容，也是实现中华民族伟大复兴中国梦的重要内容。而党员干部是生态文明建设的谋划者、参与者和推动者，更是引领生态文明建设及其价值观的先锋队，因此在工作中务必紧密围绕生态文明建设的基本道德以及结合自身的岗位职责将党中央和人民群众交予的任务完成好，从而将习近平总书记关于生态文明建设的思想贯穿到工作的各个方面。习近平总书记在 2016 年 1 月召开的省部级主要领导干部学习贯彻党的十八届五中全会精神专题研讨班上强调："各级领导干部对保护生态环境务必坚定信念，坚决摒弃损害甚至破坏生态环境的发展模式和做法，决不能再以牺牲生态环境为代价换取一时一地的经济增长。要坚定推进绿色发展，推动自然资本大量增值，让良好生态环境成为人民生活的增长点、成为展现我国良好形象的发力点，让老百姓呼吸上新鲜的空气、喝上干净的水、吃上放心的食物、生活在宜居的环境中、切实感受到经济发展带来的实实在在的环境效益，让中华大地天更蓝、山更绿、水更清、环境更优美，走向生态文明新时代。"① 为此，各地各级党委和政府及其有关工作部门的党员干部务必积极发挥先锋模范作用，树立生态文明建设的先进典型，引导全社会增强生态文明意识，让"生态兴则国兴、生态衰则国衰""绿色消费、健康生活"等成为日常的生产生活价值理念，引领社会各界做好生态环境保护和绿色可持续发展工作。

案例：

　　2019 年 4 月 20 日下午，正在陕西考察的习近平总书记来到秦岭牛背梁国家级自然保护区，了解秦岭生态保护工作情况。他强调，秦岭违建是一个大教训。从今往后，在陕西当干部，首先要了解这个教训，切勿重蹈覆辙，切实做守护秦岭生态的卫士。

　　备受关注的秦岭违建与"绿水青山就是金山银山"的理念背道而驰，是最典型的反面教材。不但破坏了自然生态，而且

---

① 中共中央文献研究室编《习近平关于社会主义生态文明建设论述摘编》，中央文献出版社，2017，第 32～33 页。

政治生态也成为重灾区，可谓教训惨痛。暴露出"绿色发展理念"和主动扛起守护生态政治意识的初心缺失，与人民群众心心念念的生态环境格格不入。秦岭违建再次警醒我们，推进生态文明建设，争当守护秦岭生态忠诚卫士，党员干部责无旁贷。

——根据《【地评线】江右时评：守护秦岭生态，党员干部责无旁贷》① 整理

以上案例是以习近平同志为核心的党中央在"十三五"时期指导打赢蓝天、碧水、净土保卫战的一个典型，为全社会突出了生态环境治理和保护的重要性以及"绿色发展理念"。通过这一事例，全国各地各级党委和政府愈来愈深刻地意识到坚持筑牢生态环境安全屏障的重要性，要在经济产业结构的发展和转型过程中为绿色生态打造充足空间，引导社会各界、各领域、各行业、各产业等积极参与到生态文明建设的伟大实践中来。青年干部是党和国家的新生政治力量，更要充分意识到生态文明建设是关系民生福祉的伟大事业，从而深入人民群众，引导人民群众共同参与共建共享的生态环境保护和治理事业，把建设美丽中国转化为全体人民自觉行动。在这个过程中，每个青年干部都要以身作则增强"资源节约意识、环境保护意识、生态守护意识"，引领培育新时代中国特色社会主义生态文明建设的道德和行为准则。而且，青年干部还要引领培育新时代中国特色社会主义生态文明建设的道德和行为准则落到实处，领导全民性的绿色生产和消费行动，动员全社会以实际行动减少能源资源消耗和污染排放，示范为生态环境保护作出贡献。

生态文明建设还需要党员干部有对生态环境保护和治理的自我

---

① 《【地评线】江右时评：守护秦岭生态，党员干部责无旁贷》，光明网，2020 年 4 月 22 日，https://m.gmw.cn/baijia/2020 – 04/22/33761460.html。

革命意识。对此，2017 年 5 月习近平总书记在十八届中央政治局第四十一次集体学习时批评指出："实践证明，生态环境保护能否落到实处，关键在领导干部。一些重大生态环境事件背后，都有领导干部不负责任、不作为的问题，都有一些地方环保意识不强、履职不到位、执行不严格的问题，都有环保有关部门执法监督作用发挥不到位、强制力不够的问题。"① 为了切实推进生态文明建设，实现中华民族永续发展，中共中央和国务院要求各地各级党委和政府相关部门及其干部务必坚持用政治和法治思维去推动生态环境保护和治理落到实处，从而加强学习《关于加快推进生态文明建设的意见》《中华人民共和国环境保护法》等政策法规的意识，在全社会进一步健全有关生态文明的法规制度。在此过程中，不断完善党员干部行为准则，使生态文明成为广大党员干部工作学习生活的自觉行为，成为做好生态文明建设的一个非常关键的政治事务和工作环节。为此，习近平总书记进一步指出，"要针对决策、执行、监管中的责任，明确各级领导干部责任追究情形。对造成生态环境损害负有责任的领导干部，不论是否已调离、提拔或者退休，都必须严肃追责。各级党委和政府要切实重视、加强领导，纪检监察机关、组织部门和政府有关监管部门要各尽其责、形成合力。一旦发现需要追责的情形，必须追责到底，决不能让制度规定成为没有牙齿的老虎"②。这就要求我们在生态文明建设中重视民主监督和追责工作，及时曝光疏忽和纵容生态环境污染的反面案例，做到严格执纪和严厉问责，特别是严厉惩处在生态文明建设中的各种违法违纪违规行为，让建设生态文明的制度威慑力量真正发挥积极作用。

---

① 中共中央文献研究室编《习近平关于社会主义生态文明建设论述摘编》，中央文献出版社，2017，第 110 页。

② 中共中央文献研究室编《习近平关于社会主义生态文明建设论述摘编》，中央文献出版社，2017，第 111 页。

第五章
生态文明的制度化建设

改革开放以来特别是党的十八大以来，我国制定出台和修订完善一系列关于生态环境治理和保护的制度规定与法律法规，生态文明制度体系日趋完善，推动着生态环境质量的持续好转。但也应看到，生态文明制度体系的建设并非一劳永逸，工作任务依然繁重，需要继续扎实推进各项工作，真正做到切实地以最严格的生态文明建设制度和最严密的生态文明法治去保护我国的生态环境。2023 年 7 月，习近平总书记在全国生态环境保护大会上强调："要始终坚持用最严格制度最严密法治保护生态环境，保持常态化外部压力，同时要激发起全社会共同呵护生态环境的内生动力。"① 建设生态文明是涉及生产方式、生活方式、思维方式和价值观念的革命性变革，需要制度化建设作保障。党的十八大以来，以习近平同志为核心的党中央大力推进生态文明制度体系的建立、完善和实施，从中央到地方制定出台和修订完善各项制度及法规，频率之高、监管执法之严、环境质量改善之快，前所未有。

第一节　完善生态文明的制度体系

2019 年 10 月党的十九届四中全会审议通过的《中共中央关于

---

① 《习近平在全国生态环境保护大会上强调 全面推进美丽中国建设 加快推进人与自然和谐共生的现代化》，《人民日报》2023 年 7 月 19 日。

坚持和完善中国特色社会主义制度 推进国家治理体系和治理能力现代化若干重大问题的决定》（以下简称《决定》），在贯彻党的十九大精神基础上，对"坚持和完善生态文明制度体系，促进人与自然和谐共生"作出了系统安排。这阐明了生态文明制度体系在中国特色社会主义制度和国家治理体系中的重要地位，以及明确了坚持和巩固生态文明制度体系的基本内容，从而提出了不断完善和发展生态文明制度体系，确立了其在新时代中国特色社会主义事业"五位一体"总体布局和"四个全面"战略布局中的具体位置。完善生态文明制度体系充分体现了以习近平同志为核心的党中央对生态文明建设的高度重视和具体规划，顺应了人民群众对美好生活和健康生活的热切期待，彰显了坚持和完善生态文明制度体系在推进国家治理体系和治理能力现代化中的重要意义。

一　完善生态文明制度体系是推进生态文明建设的本质要求

改革开放 40 多年来，我国经济快速发展，社会生产力迅速提高，在满足人民群众物质生活需要方面实现了质的飞跃，但与此同时，人民群众对美好生活特别是优美生态环境的需求日益增长。在这一背景下，以习近平同志为核心的党中央提出坚持和完善生态文明制度体系，以适应新时代中国社会主要矛盾变化要求，以切实的政治决策和制度规划回应人民群众对美好生活和优美生态环境的期盼。推进新时代中国特色社会主义生态文明建设，完善的制度体系是保障。让人民群众在完善的生态文明制度体系保障下，生活在更好、更美丽和更健康的工作与生活环境之中，需要党和政府领导社会各界努力建设"望得见山、看得见水、记得住乡愁"的美丽中国，需要党和政府领导相关专业人士和动员社会大众共同建成约束和激励并举的生态文明制度体系，将生态环境治理和保护纳入新时代中国特色社会主义制度建设的轨道中。2023 年 7 月习近平在四川考察时强调，"抓生态文明建设必须搭建好制度框架，抓好制度执行，同时充分调动广大人民群众的积极性主动性创造性，巩固发展新时代生态文明建设成果"①。

第一，完善生态文明建设考核评价体系。完善生态文明建设考核评价体系的具体工作是要改革生态环境督察和考核评价体系，这是确保生态文明建设取得实效的重要保障。2013 年 5 月，习近平总书记在十八届中央政治局第六次集体学习时指出，"在这方面，最重要的是要完善经济社会发展考核评价体系，把资源消耗、环境损害、生态效益等体现生态文明建设状况的指标纳入经济社会发展评价体系，建立体现生态文明要求的目标体系、考核办法、奖惩机制，使之成为推进生态文明建设的重要导向和约束。我看，我们一定要彻底转变观念，就是再也不能以国内生产总值增长率来论英雄了，一定要把生态环境放在经济社会发展评价体系的突出位置。如果生态环境指标很差，一个地方一个部门的表面成绩再好看也不行，不说一票否决，但这一票一定要占很大的权重"②。也就是说，建立系统完整的生态文明制度体系务必把"资源消耗、环境损害、生态效益"等能够体现生态文明建设状况的各项指标纳入我国经济社会发展评价体系，使之成为推进生态文明建设的重要导向和约束。"从制度上来说，我们要建立健全资源生态环境管理制度，加快建立国土空间开发保护制度，强化水、大气、土壤等污染防治制度，建立反映市场供求和资源稀缺程度、体现生态价值、代际补偿的资源有偿使用制度和生态补偿制度，健全生态环境保护责任追究制度和环

---

① 《习近平在四川考察时强调 推动新时代治蜀兴川再上新台阶 奋力谱写中国式现代化四川新篇章》，《人民日报》2023 年 7 月 30 日。

② 中共中央文献研究室编《习近平关于社会主义生态文明建设论述摘编》，中央文献出版社，2017，第 99～100 页。

境损害赔偿制度，强化制度约束作用。"① 在习近平总书记看来，科学的和完善的生态文明建设考核评价体系犹如"指挥棒"，通过建立体现生态文明要求的"目标体系、考核办法、奖惩机制"，把生态环境放在我国经济社会发展评价体系的突出位置，把各地各级各部门的施政成绩同生态环境指标挂钩。

案例：

　　生态文明考核制度是指将生态文明建设水平和环境保护成效的指标纳入地方领导干部政绩考核评价体系，大幅度提高生态环境指标考核权重。在限制开发区域和禁止开发区域，主要考核生态环保指标。严格领导干部责任追究，对领导干部实行自然环境资产离任审计。建立生态环境损害责任终身追究制。对造成生态环境损害的责任者严格实行赔偿制度，依法追究刑事责任。2013年国务院颁布了《实行最严格水资源管理制度考核办法》，2014年国务院颁布了《大气污染防治行动计划实施情况考核办法（试行）》，2018年10月国务院印发了《党政领导干部生态环境损害责任追究办法（试行）》。

　　《党政领导干部生态环境损害责任追究办法（试行）》将追责对象聚焦于党政领导干部（县级以上地方各级党委和政府及其有关工作部门的领导成员，中央和国家机关有关工作部门领导成员，上列工作部门的有关机构领导人员），规定了25种追责情形，并遵循权责一致、终身追究的原则。

　　——根据《如何从政策的角度梳理生态文明建设》② 整理

---

① 中共中央文献研究室编《习近平关于社会主义生态文明建设论述摘编》，中央文献出版社，2017，第100页。

② 《如何从政策的角度梳理生态文明建设》，搜狐网，2018年11月5日，https：//www.sohu.com/a/273443329_748672。

　　第二，划定生态保护红线，建立责任追究制度。生态保护红线是指在生态空间范围内具有特殊重要生态功能、必须强制性严格保护的区域，在此意义上，生态保护红线是保障和维护国家生态安全的底线和生命线。中共中央和国务院关于划定生态保护红线的要求，以改善生态环境的质量为核心，以保障人民健康生活和维护生态功能为主线，按照"山、水、林、田、湖"等生态系统保护的要求，划定和严守生态环境保护的政治底线，树立生态文明建设的底线思维，去重点管理特殊重要的自然生态和环境空间，以确保生态功能不降低、良好生态环境面积不减少、适宜人民健康生活的优良品质不改变。生态保护红线是保障和维护国家生态安全的底线和生命线，因此绝不能突破这个红线，一旦突破必将危及生态安全、人民生命健康和国家可持续发展。据此，划定生态保护红线的一个关键工作就是要让生态保护红线的观念广泛传播和普及开来。在生态环境治理和保护方面，各地各级党委和政府及有关工作部门绝不可越雷池一步，否则就应该受到问责、追责和惩处。2014 年 10 月，习近平总书记在党的十八届四中全会第一次全体会议上作报告时提出，"只有实行最严格的制度、最严明的法治，才能为生态文明建设提供可靠保障。我们组织修订与环境保护有关的法律法规，在环境保护、环境监管、环境执法上添了一些硬招。稳步推进健全自然资源资产产权制度和用途管制制度、划定生态保护红线、实行资源有偿使用制度和生态补偿制度、改革生态环境保护体制等工作"①。因为良好的生态环境是公共产品，所以对于生态环境监管不力、对生态环境造成损害和破坏的相关部门及责任人，必须追究责任。此外，对于部分不顾生态环境承载力、盲目决策开发而导致严重后果的领导干部，必须以最

---

① 中共中央文献研究室编《习近平关于社会主义生态文明建设论述摘编》，中央文献出版社，2017，第 106~107 页。

严厉的执法执纪追究其责任，而且是终身追究。就该问题，全国不少地方在近几年探索和编制出自然资源资产负债表，以此对领导干部实行任职审计式的问责制度，从而完善生态环境损害责任终身追究制。要坚决纠正为了在任期内迅速获得政治资本，不惜牺牲所在地区的生态环境，以"好看"的政绩妄图得到重用和提拔，而后心安理得地离开，却留下难以解决的生态环境问题的不良风气，从而改变各地生态环境"欠账"越积越多的局面。而这就是完善生态文明制度体系特别是建立生态环境损害责任终身追究制的意义所在。由此可见，明确地方政府特别是其主要领导在生态环境治理与保护工作中的责任，是一项非常重要的政治工作事务。

案例：

2016 年 5 月，海南省委、省政府办公厅印发《海南省党政领导干部生态环境损害责任追究实施细则（试行）》（以下简称《实施细则》），明确提出实行生态环境损害责任终身追究制。针对不同的责任主体，明确了 44 种追责情形。同时，结合海南实际，细化和突出了需要追责的主要问题。比如，按照"树立底线思维，设定并严守资源消耗上限、环境质量底线、生态保护红线"的要求，紧扣对生态省及国际旅游岛建设负面影响大、社会反应强烈的党政领导干部履职行为来设定追责情形，从而明晰领导干部在生态环境领域的责任红线。海南早在 1999 年就提出生态省建设，同年 3 月 30 日获国家环保总局批准，成为我国第一个生态示范省。20 多年来，海南生态省建设在生态环境保护、产业发展、人居环境建设和生态文化培育等方面取得显著成效，森林覆盖率提高，近岸清洁海水水质面积保持在 90% 以上，空气质量优良天数比例达到 97.9%。

　　——根据《海南接连发文明确提出实行生态环境损害责任终身追究制》① 整理

　　第三，健全法律法规，完善生态环境管理制度。完善生态环境管理的法律法规，是新时代中国特色社会主义推进生态文明建设在制度创建上的题中应有之义。进入新时代以来，我国正在大力推进生态环境管理制度的建设，而随着实现"第二个一百年"奋斗目标的伟大实践的开展，我国将迎来生态环境管理制度的改革期、完善期、发展期，对生态环境保护的立法工作提出了更高要求。但生态环境保护的"三性"问题——"根源性、结构性、趋势性"问题尚未根本解决，对于生态环境保护的执法依据相对较少，部分环境立法仍处于空白状态，特别是部分地区的现有生态环境保护和治理法规已经严重滞后于时代要求。因此，以习近平同志为核心的党中央提出，从中央到地方应该紧密跟踪全国生态环境领域的前沿动态与经验，从各地生态环境保护的成功案例中总结行之有效的经验做法，以此对现有法律法规进行适宜调整，从而形成体系化、整体性、成效化的法律规范，以回应广大人民群众十分关切的健康生活问题，以及满足人民日益增长的对优美生态环境的需求。这就要求党和国家顺应生态文明建设的迫切需要，不断完善涉及生态环境保护的法律法规。2013 年 11 月，习近平总书记在《关于〈中共中央关于全面深化改革若干重大问题的决定〉的说明》中指出，"健全国家自然资源资产管理体制是健全自然资源资产产权制度的一项重大改革，也是建立系统完备的生态文明

---

① 《海南接连发文明确提出实行生态环境损害责任终身追究制》，搜狐网，2016 年 6 月 24 日，http://news.sohu.com/a/76836861_120078003。

制度体系的内在要求"①。在修法的具体层面上，尽快完善土地、矿产、森林、草原等方面保护和管理的法律制度，全面修订现有法律法规中与生态文明建设要求不一致的各项内容，研究制定生物多样性保护、土壤环境污染、核安全等法律法规，是党和国家亟须完成的时代任务；在立法的具体层面上，党和政府将坚持领导关于健全和完善生态环境保护的立法工作，并根据生态环境问题的实际加大生态环境立法力度，为生态文明建设提供可靠的法治保障；在执法的具体层面上，党和政府要坚持领导改革生态环境保护中不适宜的执法方式，对生态环境的执法工作进行民主监督，提高执法工作的权威性。

二　落实全民所有的自然资源资产产权制度

落实全民所有的自然资源资产产权制度是新时代中国特色社会主义生态文明建设在制度建设上的一大创举。近年来，党和国家通过探索建立全民所有自然资源资产所有权的委托代理机制，旨在让自然资源资产实现向"权属清晰、责任明确、有账可查"方向发展，为进一步规范自然资源资产的"权、责、利"提供政策和制度上的根本保障，特别是对实现自然资源资产物权的"占有、使用、收益、处分"四项权能打好基础，为各地有效利用和盘活自然资源资产创造积极条件。习近平总书记曾经指出，"我国生态环境保护中存在的一些突出问题，一定程度上与体制不健全有关，原因之一是全民所有自然资源资产的所有权人不到位，所有权人权益不落实。针对这一问题，全会决定提出健全国家自然资源资产管理体制的要求。总的思路是，按照所有者和管理者分开和一件事由一个部门管理的原则，落实全民所有自然资源资产所有权，

① 中共中央文献研究室编《十八大以来重要文献选编》（上），中央文献出版社，2014，第507页。

建立统一行使全民所有自然资源资产所有权人职责的体制"①。
2019年4月，中共中央办公厅、国务院办公厅印发《关于统筹
推进自然资源资产产权制度改革的指导意见》（以下简称《指导
意见》），其中明确指出："探索开展全民所有自然资源资产所有
权委托代理机制试点，明确委托代理行使所有权的资源清单、管
理制度和收益分配机制。"② 探索建立全民所有自然资源资产所有
权委托代理机制是健全自然资源资产产权制度，统筹推进自然资
源资产产权制度改革的重要内容。因此，新时代党和政府的生态
文明建设任务之一就是做好统筹推进自然资源资产产权制度改革
和完善的工作，特别是落实统一行使全民所有自然资源资产所有
权人的具体职责，争取探索建立全民所有自然资源资产所有权委
托代理机制。

案例：

2021年7月7日，国新办就2021年生态文明贵阳国际论
坛有关情况召开新闻发布会。会上，自然资源部副部长、国家
海洋局局长王宏介绍，自然资源部加快形成节约资源和保护环
境的空间格局，加快推进"多规合一"的各级国土空间规划
编制，促进经济社会全面绿色转型，建设人与自然和谐共生的
现代化，推动各项改革落地生效：开展全民所有自然资源资产
所有权委托代理机制试点、自然资源领域生态产品价值实现机
制试点、全民所有自然资源资产平衡表编制试点，稳妥有序推
进农村集体经营性建设用地入市。全面推进矿业权竞争性出让

---

① 中共中央文献研究室编《十八大以来重要文献选编》（上），中央文献出版社，2014，第
507页。

② 《中共中央办公厅 国务院办公厅印发〈关于统筹推进自然资源资产产权制度改革的指导意
见〉》，中央政府门户网站，2019年4月14日，https://www.gov.cn/zhengce/2019-04/14/
content_5382818.htm。

及"净矿"出让。

——根据《国新办就 2021 年生态文明贵阳国际论坛有关情况举行发布会》① 整理

自然资源资产产权制度是加强生态保护、促进生态文明建设的重要基础性制度。2021 年 11 月 9 日，全国人大常委会办公厅以视频会议的形式举行专题集体采访活动，自然资源部自然资源所有者权益司司长廖永林表示："健全国有自然资源资产管理制度，首先要明确所有者的职责。经研究，我们将全民所有自然资源资产所有者职责内涵界定为'主张所有、行使权利、履行义务、承担责任、落实权益'这五个方面，共二十个字，并将其作为开展权益管理制度设计、谋划工作的逻辑基础和理论支撑；我们正努力构建由清查统计制度、评估核算制度、委托代理制度、资产规划使用制度、资产配置制度、收益管理制度、考核评价制度、资产报告制度等制度组成的国有自然资源资产管理制度体系。这八项制度构成的体系，并不是封闭的，而是开放的。随着工作的深入，还会增加有关国有自然资源资产管理制度。"②

然而，必须指出，改革开放以来我国在自然资源资产的产权制度建设和改革方面有长足的进步，特别是在促进自然资源的节约集约利用和有效保护方面，更是取得了很大成效，但全国各地仍存在自然资源的"资产底数不清、所有者不到位、权责不明晰、权益不落实、监管保护制度不健全"等问题，从而导致产权纠纷多发、资

---

① 《国新办就 2021 年生态文明贵阳国际论坛有关情况举行发布会》，贵州省发展和改革委员会官网，2021 年 7 月 7 日，http：//fgw. guizhou. gov. cn/jdhy/xwfb/202107/t20210707_68940868_mobile. html。

② 《国务院先后亮四类国有资产家底，自然资源资产为何安排在最后?》，新京报，2021 年 11 月 10 日，https：//www. bjnews. com. cn/detail/163653596514320. html。

源保护乏力、开发利用粗放、生态退化严重。① 对此，习近平总书记作出了重要指示："国家对全民所有自然资源资产行使所有权并进行管理和国家对国土范围内自然资源行使监管权是不同的，前者是所有权人意义上的权利，后者是管理者意义上的权力。这就需要完善自然资源监管体制，统一行使所有国土空间用途管制职责，使国有自然资源资产所有权人和国家自然资源管理者相互独立、相互配合、相互监督。"② 只有做到自然资源资产的"产权归属清晰、权责明确、保护严格、流转顺畅、监管有效"，新时代中国特色社会主义的自然资源资产产权制度才能基本建立起来。而这将进一步明显提升和加大我国自然资源开发利用效率和保护力度，为国家经济和产业的战略性发展提供可持续的力量支持，并为完善生态文明制度体系、建成人与自然和谐共生的中国式现代化建设道路提供有力的生态支撑。

第二节　构筑生态文明的法治基础

党的十八大以来，我国将生态文明建设置于突出地位，生态文明建设由此提升到了与经济建设、政治建设、文化建设、社会建设并列的战略高度，并纳入中国特色社会主义事业"五位一体"总体布局。这彰显了中国共产党加强生态文明建设的意志和决心以及建设美丽中国的深远意义，使生态文明建设的法治要求进一步获得社会认同。"保护生态环境必须依靠制度、依靠法治。只有实行最严格的制度、最严密的法治，才能为生态文明建设提供

---

① 参见《中共中央办公厅 国务院办公厅印发〈关于统筹推进自然资源资产产权制度改革的指导意见〉》，中央政府门户网站，2019 年 4 月 14 日，https：//www.gov.cn/zhengce/2019 - 04/14/content_5382818.htm？tdsourcetag = s_ pcqq_ aiomsg。

② 中共中央文献研究室编《十八大以来重要文献选编》（上），中央文献出版社，2014，第507 页。

可靠保障。"① 进入新时代，如何运用法治思维和法治方式切实有效地推进生态文明建设，已经历史性地成为生态环境工作者的一项重要使命。

一　保护生态环境必须依靠法治制度的完善

新时代推进生态文明建设，一个重要任务就是构建适应生态文明制度体系的法治体系和法治工作体系，为实现美丽中国、健康中国提供法律制度、法治工作的巨大力量。习近平总书记指出，"现行环保体制存在四个突出问题：一是难以落实对地方政府及其相关部门的监督责任，二是难以解决地方保护主义对环境监测监察执法的干预，三是难以适应统筹解决跨区域、跨流域环境问题的新要求，四是难以规范和加强地方环保机构队伍建设"②。保护生态环境必须依靠制度，而制度的作用及其维系必须依靠法治。只有实行最严格的制度和最严密的法治，才能为生态文明建设提供可靠保障。十三届全国人大一次会议第三次全体会议在 2018 年 3 月 11 日下午经投票表决，通过了《中华人民共和国宪法修正案》，"生态文明"由此写入了宪法。而对党、政府和广大人民群众而言，接下来最迫切的是构建好和完善好两个体系。第一，在宪法的规范指导下，推进立法工作体系的协调与统一，制定专门性和综合性的生态文明建设法律，以此规定生态文明建设的基本政策、法律制度、工作机制和法治保障。其目的是要对现有的生态保护法律法规和环境资源法及其相关的法律体系进行改革完善，以及对原有的各个环境资源法律和各地生态环境保护的行政规定中不再适宜的内容进行修改。第二，

---

① 中共中央文献研究室编《习近平关于社会主义生态文明建设论述摘编》，中央文献出版社，2017，第 99 页。

② 中共中央文献研究室编《十八大以来重要文献选编》（中），中央文献出版社，2016，第 784 页。

完善关于生态文明的法律制度体系建设，即建构符合新时代中国特色社会主义生态文明及其发展观的经济产业发展和绿色环保生产方面的法律制度，建构符合新时代中国特色社会主义生态文明建设及其价值观的社会生活和大众消费方面的法律制度，建构符合新时代中国特色社会主义生态文明建设及其行政司法伦理的环境监管法律制度。

综上可知，新时代中国特色社会主义生态文明法律体系的构建是一项综合性的社会治理工程，既要制定与之相关的一般法，又要研究制定各种特别法。为此，习近平总书记专门就做好生态文明建设的法治工作作出批示，"要深化生态文明体制改革，尽快把生态文明制度的'四梁八柱'建立起来，把生态文明建设纳入制度化、法治化轨道"①。做好这些工作，需要完成好以下几个任务。第一，制定新法，尤其是要制定生态环境治理和保护的一般法，以一般法的形式解决当前生态环境的立法"弥散"问题。第二，适时修改有关法律，对现有的生态保护法律法规和环境资源法及其相关的法律体系进行改革完善，以及对原有的各个环境资源法律和各地生态环境保护的行政规定中不再适宜的内容进行修改。第三，废除不合时宜的规章制度，在党的领导下以及在宪法的规范下，及时废止各地各级各部门不合时宜的规章制度。

案例：

"昆仑 2021"百日攻坚专项行动

从 2021 年 9 月 1 日起至 12 月 10 日止，为期 100 天，要求在前期集中打击取得阶段性成效的基础上，坚持"打源头、端窝点、推网络、断链条、追流向"，集中力量再侦破一批破坏生

---

① 中共中央文献研究室编《习近平关于社会主义生态文明建设论述摘编》，中央文献出版社，2017，第 109 页。

态环境的犯罪案件，打掉一批专业化、组织化犯罪团伙，整治一批存在生态环境重大隐患的重点部位与场所，惩治一批破坏生态环境违法犯罪。

2021 年 9 月 1 日起，湖南省公安机关部署开展为期 100 天的"昆仑 2021"百日攻坚专项行动，始终保持对生态环境领域突出违法犯罪的高压震慑态势，彰显公安机关担当作为。永定公安机关闻令而动，成立领导小组、组建工作专班，联合环保、自然资源、水利等部门，加大对污染环境、非法采矿、非法占用农用地三类重点案件的打击力度。

2020 年，永定公安机关侦办破坏生态环境犯罪案件 25 起，抓获破坏生态环境犯罪嫌疑人 28 名；2021 年已立案侦办破坏生态环境犯罪案件 24 起，抓获破坏生态环境犯罪嫌疑人 31 名，移送起诉 25 人。目前，全市"昆仑 2021"百日攻坚专项行动正在有序推进。

——根据《永定公安开展"昆仑 2021"百日攻坚 严打破坏生态环境、捕猎野生动物违法犯罪》① 整理

通过以上事例，我们还可以得知：对于社会各界而言，推进生态文明建设相关的一般法和特别法改革固然重要，但做好执法和司法工作才是最现实的事情，因为这是关乎人民群众切实利益的事情。以矿产资源法和土地管理法及其执法和司法为例，部分地区依据相关法律而特别注重强化矿产资源开发利用中的保护工作，依据土地管理法而引领社会各界树立统一土地法的理念，从而加强对生态用地（如湿地、林地、草地、自然保护地等）的

---

① 《永定公安开展"昆仑 2021"百日攻坚 严打破坏生态环境、捕猎野生动物违法犯罪》，百度百家号，2021 年 11 月 12 日，https://baijiahao.baidu.com/s? id = 1716206067515887619& wfr = spider&for = pc。

保护和治理，对破坏生态和污染环境的违法行为实行最严厉的依法打击，这就为矿产资源和土地资源的开发利用廓清了法制底线，以及为科学和合理的开发利用与相关产业经济发展指明了正确道路。此外，推进部分传统的部门法向绿色化、生态化方向改善，也是人民群众较为关注的法律制度完善事务，新时代中国特色社会主义生态文明建设只有为法律制度的建设和完善明确绿色化和生态化方向，并且以生态环境保护制度建设为总体指引，立足于生态文明建设的社会实际，将生态文明建设和法治建设要求结合起来，才能为广大人民群众提供生态文明建设的法制安全感。

二　要善于运用法治方式推动生态文明建设

在关于生态环境治理和保护的各项事务中，自觉运用法治思维去思考和行动是党、政府和社会各界推动生态文明建设的良好习惯。党的十八大以来，党中央郑重提出，各地各级党委和政府特别是领导干部要提高运用法治思维的能力。这是推动生态文明建设至关重要的思想环节。这是因为各地各级党委和政府特别是领导干部作为党和国家各项工作、各种权力的执行者，以及作为运用法治方式施政的工作者，必须要有高度的法治思维水平和能力，并且要将这一法治思维确立于自身过硬的政治思维、理论思维、战略思维及其能力基础上。领导干部的法治思维水平及能力既是其法治意识和能力的具体体现，也是人民群众时刻关注和关心的方面。为此，习近平总书记曾经以履行法定植树义务为例指出，"林业建设是事关经济社会可持续发展的根本性问题。每一个公民都要自觉履行法定植树义务，各级领导干部更要身体力行，充分发挥全民绿化的制度优势，因地制宜，科学种植，加大人工造林力度，扩大森林面积，提高森林质量，增强生态功能，保护好每一寸绿色"①。

对于人民群众而言，要善于运用法治方式推动生态文明建设，确立并坚定对法治的意志和认同。所谓"法治"，即法律之治，是依法管理国家和社会事务的一种政治和公共事务。一般而言，现代法治具有"规范性、民主性、稳定性、可预期性、权威性"等特征，这是法治能够成为中国共产党治国理政基本方式的原因。因此，习近平总书记才提出，"保护生态环境必须依靠制度、依靠法治。只有实行最严格的制度、最严密的法治，才能为生态文明建设提供可靠保障"②。法治的以上特征，决定了它在生态文明建设中具有极为重要的地位和作用，而党和国家的任务是充分发挥法治在推进生态文明建设中的重要作用。

案例：

　　2021 年，上海市在建筑垃圾消纳处置，低价值可回收物资源化利用，建立健全限塑机制，快递包装物减量，科技、财政、金融保障措施，多部门监管合力、长三角区域固废治理联动等方面还存在一些瓶颈难点和突出问题。上海人大将在深入调查研究和促进共识形成的基础上，推动政府有重点分步骤提出目标方案，进一步争取全国人大和国家相关部委的支持，集各方力量予以清障排堵，推动深入打好固废污染攻坚战。同时，根据上海城市社会发展需要，持续提升各类固体废物集中处置能力，进一步做大做强老港生态环保基地的托底保障功能，补齐缺口并消除结构性矛盾；推行重

---

① 中共中央文献研究室编《习近平关于社会主义生态文明建设论述摘编》，中央文献出版社，2017，第 117 页。

② 中共中央文献研究室编《习近平关于社会主义生态文明建设论述摘编》，中央文献出版社，2017，第 99 页。

点区域、重点行业清洁生产全覆盖，保证大宗工业固废当年排放与利用，努力在破解固废领域重点难点上形成一批上海经验和方案。

——根据《建设"无废城市"让生态绿色成为上海亮丽底色》① 整理

以上案例表明，在社会层面树立法治的权威，以及引领社会各界群众自觉遵守法律法规既是全面推进依法治国的重要保障，也是切实加强生态文明建设的坚强后盾。习近平总书记曾经指出，"现行以块为主的地方环保管理体制，使一些地方重发展轻环保、干预环保监测监察执法，使环保责任难以落实，有法不依、执法不严、违法不究现象大量存在"②。由此可见，在运用法治手段推进生态文明建设方面，需要党、政府和人民群众共同协作，一起牢固树立起维护生态文明的法治理念，形成运用法治思维与法治方式解决生态环境问题和案件的良好意识。在此过程中，人民群众要充分调动起帮助党、政府及司法机关发挥好依法工作的积极性，妥善处理各类涉及生态环境的事务，确保取得良好法律效果和社会效果。2017 年 5月，习近平总书记在十八届中央政治局第四十一次集体学习时提出，"完善生态文明制度体系。推动绿色发展，建设生态文明，重在建章立制，用最严格的制度、最严密的法治保护生态环境。要加快自然资源及其产品价格改革，完善资源有偿使用制度。要健全自然资源资产管理体制，加强自然资源和生态环境监管，推进环境保护督察，落实生态环境损害赔偿制度，完善环境保护公众参与制度。要完善

---

① 《建设"无废城市"让生态绿色成为上海亮丽底色》，上海人大，2021 年 11 月 9 日，http://www.spcsc.sh.cn/n8347/n8483/u1ai239956_K523.html。
② 中共中央文献研究室编《十八大以来重要文献选编》（中），中央文献出版社，2016，第783 页。

法律体系，以法治理念、法治方式推动生态文明建设"①。生态文明的法治化建设，要求党、政府、司法机关及人民群众的有关行为必须以生态环境保护的法律规定为准则和底线，逐渐改变部分公众在生态环境保护方面所存在的法治意识不强、守法意识薄弱等现象。对于青年人而言，应该积极利用法律武器维护全社会的生态环境权利，鼓励周围人提高对于生态环境的守法意识，以身作则带动身边更多人遵守生态环境领域的法律法规，敢于监督举报任何违反生态环境法律的不法分子及其行为，共同严格约束彼此的不文明行为，从源头上减少危害生态环境的行为发生，从而争取早日实现让生态文明建设的法治意识深入人心。

三　乡村生态振兴的法治保障是生态文明建设的攻坚领域

一直以来，农村都是法治中国建设的薄弱环节，因此需要加强农村的法治建设。同样地，农村是生态环境治理和保护法治化的薄弱环节，因此需要加强农村在生态环境治理和保护上的法治建设。农村生态环境治理和保护是生态文明建设的攻坚领域。法治保障是新时代开展农村生态文明建设工作的基础，而完善农村生态环境保护法律体系，增强广大农村居民的生态环境保护意识，加大对农村环境保护工作的法治支持，完善落后的法制和增强法治意识，确保农村生态文明建设工作的正常开展，是当前农村在生态环境治理和保护法治化领域的具体工作任务。2013 年 12 月，习近平总书记在中央农村工作会议上就该问题提出，"要抓紧完善法律法规，加强对农产品生产环境的管理，完善农产品产地环境监测网络，切断污染物进入农田的链条。对受污染严重的耕地、

---

① 中共中央文献研究室编《习近平关于社会主义生态文明建设论述摘编》，中央文献出版社，2017，第 110 页。

水等，要划定食用农产品生产禁止区域，进行集中修复"①。这对改善农村环境、建设美丽乡村提出了新要求，为留住美景和乡愁、建成美丽中国描绘了新愿景。新时代开展农村生态文明建设工作，应以农村环境保护法律法规为理论依据，着力强调发展农村经济的同时更要注重生态保护，努力建成美丽乡村。基于上述问题和工作任务，社会上形成了"乡村生态振兴的法治保障"理念。要加强乡村生态振兴的法治保障，在目前的社会现实条件下可从以下四个方面着手。

第一，制定"乡村生态保护法"。乡村生态振兴是乡村振兴战略的重要组成部分，其重要性直接决定制定"乡村生态保护法"的可行性和必要性。目前关于农村地区的自然生态环境保护法律法规并没有完成系统化和专门化，许多相关的法律条文分布于其他法律法规之中，难以对乡村生态振兴的历史任务形成有效支持。而且，制定"乡村生态保护法"符合我国环境法律法规理念转变的现实需要。制定"乡村生态保护法"是对目前我国农村地区自然生态环境保护法律法规进行整合的一项综合性法治工作，其依据新时代中国特色社会主义"四个全面"战略布局关于全面推进依法治国的工作规划，以农村社会可持续发展为出发点，以广大农村地区生态环境的现实条件及特点为基础，以乡村振兴战略为时代机遇，以对乡村生态振兴和保护问题进行法律制度上的完善。

第二，提高司法人员保护乡村生态的业务能力。司法人员要改变聚焦于城市环境司法事务的旧有工作惯性，发扬中国共产党历史上"眼光向下"的农村工作传统，积极参加农村工作的业务培训，以及关于乡村生态问题的实践调研和案例分析等，以提高自身对乡

---

① 中共中央文献研究室编《十八大以来重要文献选编》（上），中央文献出版社，2014，第674页。

村生态保护及其必要性、重要性和复杂性的认识，从而实现生态环境保护领域的司法法律效果和社会治理效果的有机统一。对于农村地区的生态环境问题的民事案件，司法机关及工作人员应充分借鉴"枫桥经验"，在党的群众路线指导下，通过劝导、调解等方式将矛盾化解在基层。而对于严重破坏乡村生态环境的违法犯罪行为，司法机关及工作人员应支持检察机关坚决提起公诉或刑事、民事公益诉讼，支持人民法院依法裁判，切实维护广大人民群众的合法的生态权益。

第三，依法规范乡村地区生态领域的执法工作。首先，在党的领导下，明确司法机关及工作人员的权责，尤其是明确有关部门运作生态环境治理和保护权力的范围，把权力关进法律"笼子"里；其次，依法明确乡村生态治理和保护的行政职责，特别是有关部门之间应当明确各自的职能划分。例如，农业农村部和生态环境部等多个部门都关涉乡村生态环境问题，这就需要各部门协同做好这一工作，在党委领导下，依法通过合理的规章制度来进一步明确各部门在乡村生态环境问题上的职责与分工，务必重视和突出乡镇人民政府和村民委员会的积极作用，以加强乡村生态环境保护法治化队伍的建设。

第四，充分发动广大村民参与乡村生态振兴的法治事业。乡村生态环境治理和保护与广大村民群众的身体健康、生活水平和经济收入息息相关，因此，乡村生态振兴的法治工作部门及工作人员，应该通过各种宣传方式，让广大村民增强乡村生态振兴的法治参与者意识，主动规范自身在生态文明建设中的社会法律行为，积极参与乡村生态治理的法治化建设。各地各级司法行政部门要在党委领导下，积极"送法下乡"，为广大村民群众普及生态环境保护的法律知识。同时，各地各级各职能部门应该充分保障村民对于乡村生态环境问题的知情权和参与权，拓宽村民参与乡村生态环境治理和保护的合法渠道。

第三节　建立生态文明的绿色发展新秩序

党的十八大以来，以习近平同志为核心的党中央把生态文明建设作为统筹推进"五位一体"总体布局和协调推进"四个全面"战略布局的重要内容，规划开展了一系列根本性、长远性、开创性的生态文明建设工作，致力于推动生态文明建设和生态环境保护从实践到认识发生历史性和全局性变化，旨在在全社会建立生态文明的绿色发展新秩序。全国各地各级党委和政府以习近平生态文明思想为引领，将生态文明建设融入经济建设、政治建设、文化建设和社会建设等各个方面，深入开展系列基础建设工作，以生态文明为引领，转变经济发展方式，在建立生态文明的绿色发展新秩序方面取得较大成效。

一　改变经济增长和社会发展的动力机制

新时代中国特色社会主义生态文明建设，最需要改变的是经济增长和社会发展的动力机制，以及关于发展的旧有观念。为此，党中央提出了关于生态就是生产力的科学论断，从政治思想和执政理念的高度揭示了生态环境与社会生产力之间的内在关系，以生态环境资源为生产力构成部分的认识发展了"自然生产力也是生产力"的马克思主义观点，并将保护生态环境及其承载能力作为社会生产力构成机制重构了"生产力"的内涵。在此基础上，习近平新时代中国特色社会主义思想在生产力领域树立了"绿色发展理念"，创新了经济增长和社会发展的动力机制。对此，习近平总书记指出，"我们要构筑尊崇自然、绿色发展的生态体系。人类可以利用自然、改造自然，但归根结底是自然的一部分，必须呵护自然，不能凌驾于自然之上。我们要解决好工业文明带来的矛盾，以人与自然和谐相处为目标，实现世界的可持续发展和人的全面发展"①。

　　生态文明的绿色发展新秩序的建立是一项任重道远的历史实践，需要对全社会的生产方式、消费模式、经济增长方式、制度建设和文化建设进行全方位的综合转变。建设生态文明，进而构建绿色发展的新秩序，实现人与自然的和谐共生，既是中华民族永续发展的根本大计，也是一个世界性难题。随着中国城市化水平的迅速攀升，城市作为新时代中国人民追求美好生活品质的载体，一直在支持着社会各界的生存、生活和生产活动。然而，随着中国城市居住人口的迅速增多，全国各地城市产生了许多生态环境污染和破坏现象，以及住房矛盾和交通拥堵等社会问题，造成了愈来愈多的"城市病"，直接对中国经济社会发展的强大引擎——城市经济生产造成消极影响，并在根本上损害中国经济社会发展的生产力机制。因此，在推进生态文明建设过程中，必须把创造优良城市居住环境作为重要任务，坚持友好环境与经济发展动力机制相互协调和相互促进，为增进广大人民群众的民生福祉夯实生态文明基底和绿色发展的基础。同时，结合当前我国经济社会发展的实际，以城市及其周边的生态空间为着眼点，坚持统筹经济发展动力机制和生态空间承载力的积极效应，打造生态文明的绿色发展新秩序。对此，习近平总书记曾经具体指出，"调整发展规划，控制发展速度和人口规模，调整产业结构，避免犯历史性错误"，"要落实生态空间用途管制，继续严格实行耕地用途管制，并把这一制度扩大到林地、草地、河流、湖泊、湿地等所有生态空间"。② 这一论述进一步明确统筹经济发展动力机

---

① 中共中央文献研究室编《十八大以来重要文献选编》（中），中央文献出版社，2016，第697页。

② 中共中央文献研究室编《习近平关于社会主义生态文明建设论述摘编》，中央文献出版社，2017，第104页。

制和生态空间承载力必须在绿色生态持续优化的理念大框架下，将转变经济增长方式与改变全社会消费方式相结合，树立生态文明理念和原则，推进节约型城市社会的建设，消除经济社会发展中的不环保因素，从而建立生态文明的绿色发展新秩序。

案例：

　　广东省肇庆市新旧动能持续转换迈出绿色发展步伐。肇庆市坚持走新旧动能持续转换、绿色生态持续优化、民生事业持续改善的绿色发展路子。在"绿富同兴"发展理念引领下，全市绿色发展趋势越来越明显。肇庆市围绕新兴战略产业进行布局，2017 年，新增主营业务收入超亿元工业企业 71 家；新能源汽车总产值 158.7 亿元，小鹏汽车超百亿元项目签约动工，中电新能源汽车第一辆汽车于 2016 年 12 月成功下线，遨优动力电池动工投产，"肇庆金秋" 4 个新能源汽车项目总投资超 180 亿元；先进装备制造产业总产值 294.9 亿元，引进华南"安全谷"等大项目，动力金属、海业汽配等项目相继动工建设。另外，肇庆市还积极开展绿色金融研究，完善绿色金融体系，推动肇庆绿色发展。研究制定借贷和投资的绿色准入标准，尝试发行绿色债券、绿色基金，探索绿色保险、绿色信贷业务，严格限制"两高企业的贷款"；总结碳排放交易权抵押贷款经验，发放生态公益林收益权抵押贷款，将不可交易的生态资产变成可流通的金融资产，探索"绿水青山就是金山银山"的金融路径。

　　——根据《肇庆以生态文明为引领 倡扬共建绿色低碳文明生活方式》① 整理

---

① 《肇庆以生态文明为引领 倡扬共建绿色低碳文明生活方式》，搜狐网，2019 年 1 月 3 日，https://www.sohu.com/a/286472783_100010144。

　　从上述案例可知，改变经济增长和社会发展的动力机制是一项牵一发而动全身的宏大社会工程，必须在全社会范围内进行资源环境开发和保护相互协调的总体规划。新时代中国推动绿色发展和建设美丽中国的历史实践，使社会各界迎来了全新的、科学的历史机遇，但同时也面临许多挑战。在历史机遇方面，党中央关于生态文明建设的顶层设计，使经济社会发展的各项制度和动力体系不断得到完善，特别是社会发展动力机制向绿色化、生态化和环保化的改善进步，为推动绿色发展的新兴经济增长提供了全方位的保障；社会发展动力机制向绿色化、生态化和环保化的改善进步也促使区域性乃至全国性产业结构获得更为科学的调整，尤其是区域性产业布局与在地生态文明建设的协调并进，为推动绿色发展提供了充分的经济和社会支撑；形成了成规模的区域性环境保护类产业的积聚，为在地社会获得巨大的生态产业和消费能力，为推进"绿色低碳循环发展"从理念向实践迈进奠定了社会经济和发展基础。我国人口规模大，以至于区域性人口规模也十分庞大，因此绿色发展及其推广任务十分繁重，就目前而言，我国仍然处于生态文明建设的攻关期。在这一背景下，社会各界必须在党和政府的领导下加快推进生态文明建设，在切实改善生态环境质量的同时，把绿色发展理念融入我国经济社会发展的各个方面，改变经济增长和社会发展的动力机制，使其向绿色化、生态化和环保化发展，形成推动建立环境友好型社会的强大发展动力。

二　明确绿色发展新秩序的基本目标

　　绿色发展是党中央立足基本国情和"十三五"规划目标，全面把握生态文明建设在新时代各个阶段的实际和特征，对社会发展理念所作出的时代性探索。这不仅立体化、形象化和科学化地描绘了我国社会发展的生态前景，而且指明了面向"十三五"规划目标而加强生态环境治理和保护，以及增强民生福祉的全新路径，对生态文明建设具有重大意义。然而，我们还必须明确绿色发展新秩序的基本目标及其重要性，那就是在转变经济发展方式上取得积极进展，形成绿色、低碳、循环、可持续的生产生活方式。这就要求必须把生态文明建设融入绿色发展新秩序的基本目标之中，并贯穿经济、政治、文化、社会建设的各方面和全过程，以及落实到国民经济和社会发展规划和落实的全过程之中，特别是把生态文明建设的基础性和前提性目标列入。对此，习近平总书记在 2017 年 5 月发表《携手推进"一带一路"建设》一文呼吁："我们要践行绿色发展的新理念，倡导绿色、低碳、循环、可持续的生产生活方式，加强生态环保合作，建设生态文明，共同实现二〇三〇年可持续发展目标。"[①] 此外，绿色发展新秩序还必须落实节能减排、能源消费总量控制、主要污染物总量指标管理等目标管理，以促进经济增长切实转到主要依靠提升发展质量、效益和内需消费上来。

另外，绿色发展新秩序的基本目标还在于构建绿色发展新秩序所立足的生态文明制度。而生态文明制度的构建，既是新时代中国特色社会主义"五位一体"总体布局的重要工作，也是"四个全面"战略布局的重要领域。构建绿色发展新秩序所立足的生态文明制度，一定要加强党中央在顶层设计生态文明建设及其制度安排上的领导地位，使生态文明建设的制度规划与绿色发展新秩序、经济社会发展各方面规划相互衔接。其中，要特别注重生态文明建设在法律制度上的制度设计，完善生态环境保护责任追究制度和环境损害赔偿制度，形成推动生态文明建设的制度化导向。

马克思主义认为，人与自然是生命共同体。为此，新时代中国

---

① 中共中央文献研究室编《习近平关于社会主义生态文明建设论述摘编》，中央文献出版社，2017，第 145 页。

特色社会主义的历史实践务必将绿色发展新秩序的基本目标实现建基于加快生态文明建设的观念转变上——引领全社会积极认同建设美丽中国。从而，在生态文明建设方向的观念引导方面，我们必须在全社会层面强调：新时代中国特色社会主义建设的绿色发展新秩序是人与自然和谐共生的新型关系，既要为广大人民群众创造更多的物质财富和精神财富，满足其日益增长的美好生活需要，又要提供更多优质的绿色产品以满足其对优美生态环境的需要。绿色发展新秩序的目标任务主要是推动经济社会向绿色化、生态化和环保化发展，致力于解决各类突出环境问题，加大对自然生态系统及其环境承载力的维护和保护力度。而全国各地必须积极动员广大民众直接参与保护资源环境。因此，要改善生态环境，最主要、最基本的就是要唤醒人民群众的生态安全意识，树立生态安全观念。把力量主要用在帮助人民群众大量直接地参与环境保护上，用在启发、教育公民的环境意识上，用在帮助公民捍卫自身的环境权益上，让绿色发展新秩序和生态安全意识成为人民日常生活的组成部分。

建立了绿色发展新秩序的美好社会是生态文明建设的载体，城市和乡村则是建立绿色发展新秩序的环境载体。习近平总书记指出，"从生态环境看，大气、水、土壤等污染严重，雾霾频频光临，生态环境急需修复治理，但环保技术产品和服务很不到位。我国城乡、区域发展不平衡现象严重，但差距也是潜力。总之，这些潜在的需求如果能激发出来并拉动供给，就会成为新的增长点，形成推动发展的强大动力"①。既然城市和乡村是建立绿色发展新秩序的环境载体，那么就需要对发展不平衡、生态不平衡的城乡生态环境问题进行治理，而这也是绿色发展新秩序的基本目标，"要采取有力措施促

---

① 中共中央文献研究室编《习近平关于社会主义生态文明建设论述摘编》，中央文献出版社，2017，第25页。

进区域协调发展、城乡协调发展，加快欠发达地区发展，积极推进城乡发展一体化和城乡基本公共服务均等化。要科学布局生产空间、生活空间、生态空间，扎实推进生态环境保护，让良好生态环境成为人民生活质量的增长点，成为展现我国良好形象的发力点"①。

① 中共中央文献研究室编《习近平关于社会主义生态文明建设论述摘编》，中央文献出版社，2017，第 27 页。

第六章
生态环境保护的公共意识和行动

党的十八大以来，我国把生态文明建设纳入中国特色社会主义事业"五位一体"总体布局，以"坚持人与自然和谐共生"引领建成人民所期盼的健康生活，坚持和完善生态文明制度体系以建设美丽中国，为中华民族永续发展打好生态环境基础。2023年7月，习近平总书记在全国生态环境保护大会上指出，"我国生态环境保护结构性、根源性、趋势性压力尚未根本缓解。我国经济社会发展已进入加快绿色化、低碳化的高质量发展阶段，生态文明建设仍处于压力叠加、负重前行的关键期。必须以更高站位、更宽视野、更大力度来谋划和推进新征程生态环境保护工作，谱写新时代生态文明建设新篇章"[①]。生态文明建设既是事关中华民族伟大复兴的千年大计，也是一项复杂而艰巨的社会建设和治理工程，还是一项能够凝聚亿万群众力量，进而实现同心同德和共建共享的伟大事业。加强新时代我国生态文明的道德建设，做好生态环境保护的公共意识和行动工作，让人民群众真正凝聚和动员起来，与自然和谐共生，积极践行绿色生产和生活方式，自觉保护和建设优美的生态环境，是加强生态环境治理和保护以及建设美丽中国的重要任务。

[①] 《习近平在全国生态环境保护大会上强调 全面推进美丽中国建设 加快推进人与自然和谐共生的现代化》，《人民日报》2023年7月19日。

第一节 让环境保护成为人民群众的良好风尚

改革开放以来，随着社会主义市场经济的深入发展，我国经济社会发展水平和人民的生活质量发生了翻天覆地的变化，取得了令世界瞩目的历史成就，但生态环境状况却不容乐观，因此增强环境保护意识，不仅对于生态道德建设具有重要的积极作用，而且能够形成全民保护环境、守护生态、共同治理污染的良好社会风尚，推动生态道德建设的顺利实施，并进一步激发全社会参与生态环境治理的积极性和主动性，切实增强社会各界、各行业、各领域环境保护的责任感和使命感。

一 生态道德是新时代公民道德建设的重要内容

如前文所述，生态文明建设既是事关中华民族伟大复兴的千年大计，也是一项复杂而艰巨的社会建设和治理工程，还是一项能够凝聚亿万群众力量进而实现同心同德和共建共享的伟大事业。为此，习近平总书记呼吁："生态文明建设功在当代、利在千秋。我们要牢固树立社会主义生态文明观，推动形成人与自然和谐发展现代化建设新格局，为保护生态环境作出我们这代人的努力！"[①] 新时代，加强生态文明建设需要从生态道德建设入手，让人民群众在党和政府的领导下真正动员起来，切实践行人与自然和谐共生的生态道德理念，拥抱绿色生产和生活方式，自觉做生态环境治理和保护的积极参与者与践行者，从而成为建设美丽中国的重要力量。

生态道德是新时代公民道德建设在生态文明建设中的具体体现和重要内容，而加强新时代公民生态道德建设，要以《新时代公民

---

① 习近平：《决胜全面建成小康社会 夺取新时代中国特色社会主义伟大胜利——在中国共产党第十九次全国代表大会上的报告》，人民出版社，2017，第52页。

道德建设实施纲要》为基本遵循。该纲要提出了生态道德的基本内容要求："积极践行绿色生产生活方式。绿色发展、生态道德是现代文明的重要标志，是美好生活的基础、人民群众的期盼。……坚持人与自然和谐共生，引导人们树立尊重自然、顺应自然、保护自然的理念，树立绿水青山就是金山银山的理念，增强节约意识、环保意识和生态意识。开展创建节约型机关、绿色家庭、绿色学校、绿色社区、绿色出行和垃圾分类等行动，倡导简约适度、绿色低碳的生活方式，拒绝奢华和浪费，引导人们做生态环境的保护者、建设者。"①总而言之，在全社会做好践行生态道德理念的工作，就是在加强党的统一领导基础上，在全社会推广生态道德的基本内容，让生态道德的基本内容深入人心，进而深化对生态道德的宣传教育引导，将生态道德的公共规范与加强制度法律保障结合起来，形成全社会共同践行生态道德的生动局面。在此过程中，党员干部要发挥好先锋模范作用。2017年3月，习近平总书记在参加首都义务植树活动时提出，"要组织全社会特别是广大青少年通过参加植树活动，亲近自然、了解自然、保护自然，培养热爱自然、珍爱生命的生态意识，学习体验绿色发展理念，造林绿化是功在当代、利在千秋的事业，要一年接着一年干，一代接着一代干，撸起袖子加油干"②。

案例：

2018年，共青团江西省委发布了《关于命名2017年度省级共青团生态文明示范村的通知》。其中安远县新龙乡小孔田村经

① 中共中央党史和文献研究院编《十九大以来重要文献选编》（中），中央文献出版社，2021，第236页。

② 中共中央文献研究室编《习近平关于社会主义生态文明建设论述摘编》，中央文献出版社，2017，第120～121页。

考核验收，荣获"省级共青团生态文明示范村"称号。

新龙乡小孔田村寨盐下组以优美的自然生态为基础，以树立科学文明的新风尚为目标，突出田园风光、生态农业、乡村文化"三位一体"特色，不断完善基础设施建设，优化居住环境，深入开展文明创建活动，发展乡村旅游，逐步形成了"山上脐橙、山下百香果、池中荷花、林中农家乐"的多元化产业发展格局，实现了生态效益与经济效益的双丰收，促进了人与自然、产业与生态的和谐发展。目前，全村基本形成土鸡养殖、百香果、猕猴桃、烟叶、脐橙种植五大产业优势。

——根据《安远新龙乡小孔田村荣获"省级共青团生态文明示范村"称号》①整理

案例：

浙江省湖州市安吉县为更好引领全县少先队员积极践行"绿水青山就是金山银山"理念，培育更多新时代生态文明思想的追梦人。安吉县少工委在 2020 年六一儿童节面向全县 36000 余名少先队员正式发布了"绿色小天使"品牌，并开展了"家乡美景我寻访""美好生态我来记""环保理念我践行""绿色先锋我争当"四大行动。

每到周末或假期，少先队员就会走进安吉的"绿水青山"，开展红色研学活动，以"童眼寻小康"的独特视角，寻访家乡的"金山银山"，寻访家乡的美丽变迁，感悟生态文明建设的伟大成果。

大自然里的动植物有着无穷无尽的秘密，少先队员用心去观察，并用绘画、照片与文字结合的方式将它们制作成精美的自

---

① 《安远新龙乡小孔田村荣获"省级共青团生态文明示范村"称号》，中国江西网，2018 年 3 月 20 日，https://jxgz.jxnews.com.cn/system/2018/03/20/016813499.shtml。

然笔记展示给大家。在观察记录的过程中，少先队员对生态文
明思想有了新的认识，懂得了只有保护好生态环境，才能更好
地促进人与自然和谐共生。

　　　　——根据《浙江安吉少先队员争当"绿色环保小先锋"》①
整理

以上两个案例表明，开展一系列生态文明创建活动，能够有效
激发青年团员践行生态文明道德规范的积极性，为青年提供多渠道
的生态文明服务和实践，从而增强共青团组织和青少年团队的行动
力和凝聚力，为生态文明建设带来属于青年人的、属于共青团组织
的生机和活力，并且在此过程中使青年人自觉践行绿色生活方式，
真正做到在实践中学习体验绿色发展理念。在党的关心和引领下，
全社会都应该帮助和支持青少年在学习体验绿色发展理念中成长起
来，从而形成家庭、学校、政府、社会相结合的生态道德教育体系，
引导青少年树立为新时代中国特色社会主义生态文明建设服务的远
大志向，将热爱大自然和热爱党、热爱祖国、热爱人民结合起来，
形成生态思想、增强生态保护意识、养成环境保护习惯。共青团和
少先队则要加强思想政治引领，引导广大青少年承担参与生态文
明建设的社会责任，加强自觉保护生态环境的公共道德修养，注
重自觉拒绝破坏生态环境的公共道德自律。在党的统一领导下，
积极发挥共青团和少先队及各类协会等群团组织的独特优势，为
生态道德建设增添动力和活力，解决生态道德领域突出的后续动
力不足问题。共青团和少先队通过组织生态文明道德规范的教育
实践活动，在全社会形成生态环境治理和保护的公共道德示范影
响，为社会各界总结生态道德建设的教育经验提供一个珍贵的观

---

① 《浙江安吉少先队员争当"绿色环保小先锋"》，未来网，2020 年 8 月 17 日，http：//jjh.
k618.cn/dwlb/202008/t20200817_18061936.htm。

察视角，积极推动生态文明道德规范教育和宣传之"危"转化为激活广大人民群众持续争取实现美好生态生活之"机"，形成群策群力的良好局面。

二 深化公民生态道德建设的宣传教育引导

加强公民生态道德建设，是新时代中国特色社会主义生态文明建设的重要任务和行动。做好这一工作，要在全社会大力弘扬"尊重自然、顺应自然、保护自然"的生态道德价值观，将"人与自然和谐共生"的重要理念以透彻的和生动的方式讲清楚，从而形成和凝聚社会各界在共建生态道德方面的基本共识，培育优良的生态道德风尚。因此，习近平总书记提出，"要强化公民环境意识，倡导勤俭节约、绿色低碳消费，推广节能、节水用品和绿色环保家具、建材等，推广绿色低碳出行，鼓励引导消费者购买节能环保再生产品，推动形成节约适度、绿色低碳、文明健康的生活方式和消费模式。要加强生态文明宣传教育，把珍惜生态、保护资源、爱护环境等内容纳入国民教育和培训体系，纳入群众性精神文明创建活动，在全社会牢固树立生态文明理念，形成全社会共同参与的良好风尚"①。为此，各地各级党委和政府要积极开展关于生态道德的宣传、教育和实践活动，以培养公民的生态道德意识和风尚，焕发公民的生态道德责任，以及提高公民的生态道德修养。有的地方的文史工作者和群众还尝试深入挖掘中华优秀传统文化和革命文化中关于自然生态保护的思想理论，进而为新时代中国特色社会主义先进文化和生态道德建设提供思想资源。有的地方在各行各业中积极探寻生态道德践行的榜样和模范，以在全社会树立生动和形象的生态道德价值标杆，为新时代我国生态道德形成社会伦理秩序添砖加瓦。归纳起来，

---

① 中共中央文献研究室编《习近平关于社会主义生态文明建设论述摘编》，中央文献出版社，2017，第122页。

主要包括以下三个方面。

首先，筑牢生态道德的理想信念。以"人民有信仰、国家有力量、民族有希望"为价值引导，将对生态文明和生态道德的信仰信念指引人民群众的生活实践中去，引领各行各业对生态道德的崇高追求。在全社会广泛开展关于生态道德的理想信念教育，不仅能够深化对中华优秀传统文化和革命文化中关于自然生态保护的思想理论的认识，而且能够巩固对新时代中国特色社会主义先进文化和生态道德建设的信念，引导社会各界不断增强"道路自信、理论自信、制度自信、文化自信"，把对生态道德的崇高追求与新时代中国特色社会主义崇高理想统一起来，把实现个人道德修养融入全社会的生态道德修养之中。其次，培育和践行新时代中国特色社会主义生态文明价值观。新时代中国特色社会主义生态文明价值观是当代中国先进文化精神在生态领域的集中体现，是凝聚中国生态文明建设力量的道德基础。深化新时代中国特色社会主义生态文明价值观的宣传教育，能够增进对生态环境治理和保护的认知认同，引导人们把生态环境保护作为明德修身的根本遵循之一。最后，将新时代中国特色社会主义生态文明价值观要求全面体现到中国特色社会主义法律体系中，体现到关于生态环境保护、绿色发展新秩序的法律法规及其"立、改、废、释"之中，以及对公共卫生工作政策的制定修订和改进完善之中，为弘扬新时代中国特色社会主义生态文明价值观和道德理念提供良好社会环境和制度保障。

2013 年 5 月，习近平总书记在同全国各族少年儿童代表共庆"六一"国际儿童节时指出，"大自然充满乐趣、无比美丽，热爱自然是一种好习惯，保护环境是每个人的责任，少年儿童要在这方面发挥小主人作用"①。因此，我们要把生态道德理念贯穿到学校教育

_____

① 《习近平在同全国各族少年儿童代表共庆"六一"国际儿童节时强调 让孩子们成长得更好》，《人民日报》2013 年 5 月 31 日。

的全过程之中。学校是"新公民"参与道德建设和行动的重要阵地，把新时代中国特色社会主义生态道德建设纳入教育体系，能够引导学生形成"热爱自然、尊重自然、保护自然"的优秀价值观念，从而更好认识建成美丽中国、了解生态文明建设内涵及重要性，进而增强对生态环境治理和保护的社会责任感。此外，良好的家教和家风对于做好生态道德建设也十分重要。家庭既是人类社会的基本细胞，也是中华文明的基本构成单位，从而是社会道德养成的起点。要弘扬中华优秀传统文化中关于自然生态保护的思想理论，离不开家庭教育的支持。促进家庭教育对于生态道德建设具有积极作用，必须引导广大家长在生态道德教育上以身作则，用正确的生态道德观念滋养孩子的心灵，让家庭成员之间相互影响、彼此监督和共同提高，在生态环境治理和保护中提高道德精神境界和培育文明风尚。

三 将生态道德建设与生态法治建设结合起来

正是生态环境问题的公共性，决定了生态环境治理和保护不仅仅是行政事务，更是一项公共道德事务和法律事务。作为公共道德事务和法律事务，生态环境问题事关我们每个人的切实利益。生态环境问题的公共性要求公众在参与环境保护的过程中必须恪守公共道德，以及要求公众在参与环境保护的过程中遵守环境保护相关法律法规。然而，环境问题事无巨细，涉及的问题遍布社会的方方面面，法律法规不可能无一遗漏地全部覆盖。因此，将生态道德建设与生态法治建设结合起来，注重完善生态环境保护相关法律法规，能够在法治建设的"侧翼"提升每个公民在环境保护方面的道德自觉。

法律是成文的道德，道德是内心的法律。首先，我们要发挥生态法治建设对生态道德建设的促进和保障作用，把生态道德的规范引领贯穿到生态法治建设的全过程之中，从立法、执法、司法到守法的各个环节都要体现新时代中国特色社会主义生态文明建设和生态道德要求。其次，我们要及时把生态环境治理和保护实践中被人民群众所广泛认同的、具有社会适宜性的和具有行政操作性的生态道德要求转化为生态文明建设的法律规范，从而推动全社会自觉做到支持保护生态环境的立法工作。再次，坚持在生态环境污染案件上做到严格执法，特别是对于人民群众切身利益有较严重损害的，尤其要加大执法力度，以生态法治的执法力量维护生态道德的规范力量。最后，坚持在生态环境污染案件上做到公正司法，在党的领导下，发挥司法机关对损害生态环境案件的惩恶扬善功能和职能，而部分地方定期发布生态法治和道德领域的典型司法案例，让人们从中感受到法治和道德相结合促进生态文明建设的进步性、公平性和正义性。

　　将生态道德建设与生态法治建设结合起来，务必彰显公共道德的价值导向。习近平总书记在 2014 年 6 月召开的中央财经领导小组第六次会议上指出，"要在全社会牢固树立勤俭节约的消费观，树立节能就是增加资源、减少污染、造福人类的理念，努力形成勤俭节约的良好风尚"①。生态道德建设与人们的生产生活和切身利益密切相关，因此生态道德建设的具体落实将直接影响人们的道德取向和价值判断。生态道德建设，从理念提出到实践推行，都要充分体现公共道德的价值导向，符合全社会的道德期待和标准，让生态文明建设的政策目标和公共道德的价值导向实现有机统一。因此，实践推行新时代中国特色社会主义生态文明建设的各项生态道德理念，将其与生态法治结合起来，必须在立法、执法、司法、守法等各个环节发挥社会道德规范的引导及约束作用。社会道德规范能够有效

---

① 　中共中央文献研究室编《习近平关于社会主义生态文明建设论述摘编》，中央文献出版社，2017，第 118 页。

调节人们在公共生产和公共生活中的关系与行为，因此建设生态文明和构建并推行生态道德价值观，也能够有效调节人们在生态环境问题和案件中的立场、态度与行为。

习近平总书记强调，只有实行最严格的制度、最严密的法治，才能为生态文明建设提供可靠保障，同时"要加强生态文明宣传教育，增强全民节约意识、环保意识、生态意识，营造爱护生态环境的良好风气"①。发挥生态法治的制度性约束功能和生态道德的价值性规范功能，能够为建立完善的生态文明制度体系奠定双重基础。生态道德是生态法治的重要精神滋养。从马克思主义观点看，法律和道德都具有一定社会约束和规范功能，都能发挥规范个人和社会集体行为的公共功能，但发挥作用的路径、方式和机制则有所不同。以此为思想指导，各级党委、政府及司法机关领导生态法治和生态道德相结合，进而提升社会整体的生态环境保护水平和品质，就要注意到生态法治应该更注重以外在性的法律制度及其强制力去保障法律法规的具体实施，这主要是一种他律。生态道德则主要通过社会道德评价等方式产生公共性的约束和规范作用，同时应该更强调道德的自律性，引领人们通过内心对生态文明建设、生态环境治理和保护的价值认同来凝聚生态道德共识，实现公民个体对于生态道德规范的自觉、自主和自愿遵守。新时代中国特色社会主义关于全面推行依法治国的重要精神和理念，以及关于生态文明建设的理论要求，在根本上要求实现良法善治，而实现这一目标离不开生态道德积极作用的发挥，为生态法治提供道德基础，为依法治理生态环境问题提供道德评判标准的支持，以及为生态法治的实施提供道义支持。总而言之，生态道德和生态法治结合起来，能够引导公民个体和全社会自觉尊崇生态环境保护相关法律法规和道德规范，

---

① 中共中央文献研究室编《习近平关于社会主义生态文明建设论述摘编》，中央文献出版社，2017，第116页。

让生态文明建设更加深入人心。

第二节　让绿色生产消费成为社会事业及行动

新时代中国特色社会主义发展事业的生态环境愿景是实现"人与自然和谐共生"，这一过程既要创造丰富的物质财富和精神财富，以满足人民日益增长的美好生活需要，也要提供更多的优质生态产品，以满足人民日益增长的优美生态环境需要。这就要求在社会发展和生产上，务必让绿色生产成为全社会的文明行动，而在社会交往和消费方面，务必让绿色消费成为全社会的文明风尚。为破解资源环境承载力的约束，从根本上改变以往"高投入、高消耗、高排放"的发展模式，新时代的中国社会正在按照生态文明建设的基本要求，推动社会生产和消费方式向绿色化转变，而全社会正在形成节约资源和保护环境的良好局面。

一　加快促进工业生产的绿色化和生态化发展

党的十八大以来，以习近平同志为核心的党中央以空前的执政力度推进生态文明建设，全党、全国和全社会在推动绿色发展上的自觉性、自主性和主动性显著增强，绿色发展理念愈来愈深入人心。2016 年 1 月，习近平总书记在省部级主要领导干部学习贯彻党的十八届五中全会精神专题研讨班上指出，"我们要坚持节约资源和保护环境的基本国策，像保护眼睛一样保护生态环境，像对待生命一样对待生态环境，推动形成绿色发展方式和生活方式，协同推进人民富裕、国家强盛、中国美丽"①。这昭示着加快转向绿色生产和消费，建立健全绿色的、低碳循环发展的经济体系，正在成为新时代中国

---

① 中共中央文献研究室编《习近平关于社会主义生态文明建设论述摘编》，中央文献出版社，2017，第 12 页。

特色社会主义绿色发展新秩序的重要内容，而加快建立绿色工业生产成为新时代中国特色社会主义绿色发展新秩序的主要政策导向。

新时代中国特色社会主义绿色发展新秩序在工业发展层面，推进工业产业结构和行业结构的绿色化升级，主要涉及钢铁、石油化工、化学工业、有色金属、建设材料、纺织、皮革等行业的绿色化和环保化改革，这一过程既包括推行中国搞工业产品的绿色设计，又包括建设较为齐全的绿色制造业体系，以及大力完善再制造产业的结构体系。在工业生产的绿色化和生态化发展的基础上，我国各地也正在大力投入对资源综合利用基地的规模化建设，以促进工业生产的各类废物实现综合化、再生化利用。对于这一绿色工业盛景的实现路径，2014 年 6 月习近平总书记在中央财经领导小组第六次会议上的讲话中提出，"国有企业要有社会责任，节能减排做得如何就是对国有企业承担社会责任的检验"①，要引领其他公有制企业和民营企业加强工业生产过程中的危险废物管理。具体而言，在实际推行过程中，全国各地务必将工作聚焦于工业产业结构、生产方式的绿色转型，部分地区重点采取工业绿色转型升级的施政战略，打造"无废城市"，从而实现能源资源利用效率的大幅提高，以及绿色工业水平全面提升。

案例：

"无废城市"建设是一个非常全面的系统工程，需要试点先行、长期探索、逐步推进。包头市作为西部典型的资源型城市，正在工业绿色转型升级、工业固废用于废弃砂坑生态修复、矿山治理与生态旅游深度融合等方面进行积极探索，逐步凝练出了独有的经验模式，可供类似城市参考。

---

① 中共中央文献研究室编《习近平关于社会主义生态文明建设论述摘编》，中央文献出版社，2017，第118页。

为进一步拓宽大宗工业固废处置利用渠道，推动解决遗留废弃砂坑、矿坑问题，包头市在已实施生态修复的 9 个废弃砂坑治理经验基础上，以希望铝业粉煤灰项目和海柳树煤矿生态修复等重点项目为示范，以新型修复材料、防渗材料等科研项目为支撑，探索出台大宗工业固废用于废弃砂坑、矿坑生态修复的管理规定和技术规范，为大宗工业固废处置利用在环境安全与生态修复之间寻求新的平衡与协调。

包头市将绿色矿山建设和废弃矿山生态修复作为特征景观，深度融合二、三产业，着力打造矿山生态旅游模式。以白云鄂博矿区稀土矿山为主，开发工业矿山特色旅游，并与周边草原英雄小姐妹红色文化旅游景区和草原品质旅游体验区实现协同发展。以历史遗留大青山废弃采石矿山为示范，打造"化腐朽为神奇""生态文明思想教育基地""矿山地质环境治理示范基地""党建教育基地"等综合性的生态修复发展旅游新模式。从而实现社会效益、经济效益、生态效益和文化效益的有机结合和全面提升。

包头市在工业固废产生量大、种类较多，具备较好的工业化基础背景下，以提高综合利用水平为目标，依托内蒙古固体废物产业联盟，大力推进固体废物产学研深度融合。以钢渣、粉煤灰、煤矸石、煤泥等大宗工业固废为重点，积极引入国内、国际先进的、附加值高的固废综合利用技术，加快实施固废科研成果转化项目，努力实现产废企业与科研院所的合作共赢。

借助"无废城市"建设试点的政策东风，包头市不断激发本地企业固体废物减量化和资源化的内生动力，切实增强企业核心竞争力，实现产业绿色转型升级。同时，"无废城市"建设试点扩大了试点城市的影响力，增强了对外招商引资的吸引力。通过试点城市更加优惠的土地、财政等激励性政策，有效促进固废的资源循环利用项目落地实施，进一步盘活带动本地固废综合利用市场，共同促进经济高质量发展，从而实现环境效益与经济效益的双丰收。

　　——根据《工业绿色转型升级　打造"无废城市"的包头样板》① 整理

案例：

　　2021 年 2 月 22 日，国务院发布《关于加快建立健全绿色低碳循环发展经济体系的指导意见》。该指导意见提出，到 2035 年，绿色发展内生动力显著增强，绿色产业规模迈上新台阶，重点行业、重点产品能源资源利用效率达到国际先进水平，广泛形成绿色生产生活方式，碳排放达峰后稳中有降，生态环境根本好转，美丽中国建设目标基本实现。该指导意见还提出：建设资源综合利用基地，促进工业固体废物综合利用；加快实施排污许可制度；建设一批国家绿色产业示范基地，推动形成开放、协同、高效的创新生态系统；加快培育市场主体，鼓励设立混合所有制公司，打造一批大型绿色产业集团；引导中小企业聚焦主业增强核心竞争力，培育"专精特新"中小企业；选择 100 家左右积极性高、社会影响大、带动作用强的企业开展绿色供应链试点，探索建立绿色供应链制度体系。

　　——根据《国务院：鼓励设立混合所有制公司，打造一批大型绿色产业集团》② 整理

　　以上两个案例表明，在中共中央和国务院的大力支持下，近年

---

① 《工业绿色转型升级　打造"无废城市"的包头样板》，内蒙古新闻网，2020 年 9 月 2 日，http：//inews. nmgnews. com. cn/system/2020/09/02/012972148. shtml。

② 《国务院：鼓励设立混合所有制公司，打造一批大型绿色产业集团》，百度百家号，2021 年 2 月 22 日，https：//baijiahao. baidu. com/s？id =1692387785835642716&wfr = spider&for = pc。

来绿色工业产业迎来了蓬勃发展的历史机遇，而相关政策也陆续出台，从中央到地方给予绿色工业产业全方位的政策响应和支持。绿色工业产业发展务必坚持节约资源和保护环境的基本国策，习近平总书记指出，"关键是要树立正确的发展思路，因地制宜选择好发展产业。我们强调不简单以国内生产总值增长率论英雄，不是不要发展了，而是要扭转只要经济增长不顾其他各项事业发展的思路，扭转为了经济增长数字不顾一切、不计后果、最后得不偿失的做法"①。为此，我们要高举绿色发展大旗，将工业产业发展聚焦于资源能源利用效率和清洁生产水平的提升上，对传统能耗高、污染大和效益低的工业部门部类进行绿色化改造，以绿色科技的创新发展为支撑，以生态环保法规为保障，鼓励加快实施绿色制造业社会工程和构建绿色制造业体系，形成绿色产品、绿色工厂车间、绿色工业园区等全供应链的协调发展，进而建立健全绿色工业产业发展机制。只有实现和落实上述政策目标，我国绿色工业产业发展才能提高在国际绿色市场中的竞争力，推动新时代中国特色社会主义工业文明与生态文明的交融统一，实现人与自然和谐共生。

二　加快绿色农业经济的创办和发展

2018 年 1 月 2 日，《中共中央 国务院关于实施乡村振兴战略的意见》提出，实施乡村振兴战略，是党的十九大作出的重大决策部署，是决胜全面建成小康社会、全面建设社会主义现代化国家的重大历史任务，是新时代"三农"工作的总抓手。而产业兴旺是实施乡村振兴战略的重点，必须做好两个主要工作：第一，"必须坚持质量兴农、绿色兴农，以农业供给侧结构性改革为主线"；第二，"加快构建现代农业产业体系、生产体系、经营体系，提高农业

创新力、竞争力和全要素生产率，加快实现由农业大国向农业强国转变"。① 2023 年 12 月，习近平总书记在《求是》杂志发表文章指出："要拓宽绿水青山转化金山银山的路径。良好的生态环境蕴含着无穷的经济价值。推进生态产业化和产业生态化，培育大量生态产品走向市场，让生态优势源源不断转化为发展优势。"②

案例：

> 近年来，河北省廊坊市永清县紧紧围绕绿色发展，积极拓展农业多种功能，因地制宜，发展鱼菜共生特色产业。据了解，鱼菜共生设施主要由养殖水槽、蔬菜种植槽及给排水系统等组成，养殖水槽中养殖高附加值的商品鱼和观赏鱼，在养殖水槽周围及水面上利用蔬菜种植槽进行蔬菜、瓜果、花卉栽培，养殖水槽与蔬菜种植槽通过管道连接。养殖尾水通过蔬菜种植槽，经过蔬菜的根系与微生物群落处理后，回收净化回流到养殖水槽，做到养鱼不排污、种菜不施肥，实现了节水、环保、安全的种养循环绿色发展模式。永清县农业科技特派员闫新治介绍说："鱼菜共生种养循环模式相较于传统农业节水 90%，不用农药，不施化肥，节省土地和人工，既提高经济效益又节约劳动成本，生产的绿色有机商品鱼和蔬菜，可以提高产品附加值，增加池塘综合生产效益，有显著的经济效益。"
>
> ——根据《河北永清：鱼菜共生助力农业绿色发展》③ 整理

以上案例深刻表明，加快绿色农业经济发展要始终着眼于乡村

---

① 《中共中央 国务院关于实施乡村振兴战略的意见》，中央政府门户网站，2018 年 2 月 4 日，https://www.gov.cn/zhengce/2018–02/04/content_ 5263807. htm。

② 习近平：《以美丽中国建设全面推进人与自然和谐共生的现代化》，《求是》2024 年第 1 期。

③ 《河北永清：鱼菜共生助力农业绿色发展》，长城网，2021 年 11 月 18 日，http://lf. hebei. com. cn/system/2021/11/15/100814355. shtml。

振兴这一战略目标。也就是说，如果要助推乡村振兴战略目标顺利达成，那就必须贯彻绿色农业发展的重要思想。2016 年 12 月，习近平总书记在中央财经领导小组第十四次会议上的讲话中提出，"在实施绿色生态导向的农业政策中，要支持农村居民、新型农村经营主体等使用畜禽废弃物资源化产生的有机肥。要比照资源循环型企业的政策，支持从事畜禽养殖废弃物资源化利用的企业发展。各地要创造良好市场环境，帮助企业形成可持续的商业模式和盈利模式"[①]。但是在推进乡村振兴战略的过程中仍然存在许多消极性和限制性的难题，例如：不少地区的农业产业结构仍不够合理、生产方式仍处于相对落后的水平，这导致了农村生态环境承载力的持续下降以及不可逆的环境污染和生态破坏，而农业资源消耗率高和利用率低等问题也难以解决，不仅不符合绿色农业经济和绿色发展理念的基本要求，还限制了乡村振兴战略的稳健推进。为此，习近平总书记提出，"农业发展不仅要杜绝生态环境欠新账，而且要逐步还旧账。要推行农业标准化清洁生产，完善节水、节肥、节药的激励约束机制，发展生态循环农业，更好保障农畜产品安全。对山水林田湖实施更严格的保护，加快生态脆弱区、地下水漏斗区、土壤重金属污染区治理，打好农业面源污染治理攻坚战"[②]。这就要求我们对传统资源消耗大、污染高的农业经济进行绿色化和高效率化相结合的改造，持续开发和利用新型的绿色农业生产资源，促进实现农村经济的绿色化转型升级。总而言之，发展绿色农村经济是顺利达成乡村振兴战略目标的关键因素。

三　加快绿色技术的产业发展和研究发展

所谓"绿色技术"，就是指全社会能够充分、节约地利用自然

---

① 中共中央文献研究室编《习近平关于社会主义生态文明建设论述摘编》，中央文献出版社，2017，第 95~96 页。

② 中共中央文献研究室编《习近平关于社会主义生态文明建设论述摘编》，中央文献出版社，2017，第 186 页。

资源和能源，在社会产品生产中使资源能源消耗对生态环境无害的一种新型技术。新时代中国特色社会主义生态文明建设致力于发展绿色技术，这是对生态环境保护的重要政策支持和引导，使得绿色技术随着新时代中国特色社会主义现代化事业的全面发展而逐渐成长。习近平总书记曾以创新应对气候变化路径为视角提出，"实现可持续发展，要有新的全球视野。老路走不通，创新是出路。要积极运用全球变化综合观测、大数据等新手段，深化气候变化科学基础研究。要加快创新驱动，以低碳经济推动发展，转变传统生产和消费方式。要以关键技术突破支撑能源、交通、建筑等重点行业战略性减排。要增强脆弱领域适应能力，大力发展气候适应型经济。科技创新只有打破利益藩篱，才能有效服务全人类"①。

进入新时代，我国在推进绿色技术产业发展和研究发展过程中，主要实行产业结构优化导向的绿色技术发展政策。2017 年 5 月，习近平主席在"一带一路"国际合作高峰论坛开幕式上的演讲中提出，"要抓住新一轮能源结构调整和能源技术变革趋势，建设全球能源互联网，实现绿色低碳发展"②。这就要求我们首先必须鼓励绿色技术研发，支持专业科研团队和企业实施绿色技术的创新攻关行动，围绕清洁生产、清洁能源、环保节能等部署一批战略性的科技攻关项目；其次，政府牵头和主导构建关于绿色技术的协同创新和研发机制，联动企业发展绿色创新技术。考虑绿色技术的行业实际和特征，政府必须大力鼓励和支持高新产业的绿色技术发展落实到社会生产中去，以及引导高新技术企业走向绿色技术创新和绿色投资递增的发展道路。为此，全国部分地区已经在税务、金融、金融信贷等方

---

① 中共中央文献研究室编《习近平关于社会主义生态文明建设论述摘编》，中央文献出版社，2017，第 141 页。

② 习近平：《携手推进"一带一路"建设——在"一带一路"国际合作高峰论坛开幕式上的演讲》，人民出版社，2017，第 9 页。

面，给予新兴绿色产业技术创新投资以全方位的支持。

案例：

运鸿集团率先研发出世界领先的聚乳酸全降解无纺布和可生物降解植物纤维淀粉餐具技术，并通过 CE 认证。运鸿集团研发的这项新技术，解决了一次性塑料制品大规模使用带来的世界性难题，处于世界领先水平。

据悉，聚乳酸全降解无纺布是以玉米淀粉为原料，经细菌发酵和化学合成得到的一种新型高分子纤维原料，可广泛应用于医疗卫生、生活、建筑、农业等领域。其耐候性好，强度保留率高，可完全分解为水和二氧化碳，实现对环境的零污染。可生物降解植物纤维淀粉餐具是运鸿集团以玉米淀粉和木薯淀粉为主要原料开发的全生物降解一次性餐具。经过多年的研发努力，淀粉餐具生产中的关键技术问题得到了解决。而"CE"标志是一种安全认证标志，被视为制造商打开和进入欧洲市场的通行证。在欧盟市场，"CE"标志是强制性认证标志。无论是欧盟国家企业生产的产品，还是其他国家企业生产的产品，要想在欧盟市场自由流通，都必须贴上"CE"标志，表明产品符合欧盟指令《技术协调和标准化新方法》的本质要求。

运鸿集团自成立以来，始终坚持积极创新，将创新作为发展的第一动力，坚持走创新发展这条企业长远发展的必由之路。未来，运鸿集团将继续开发真正服务于社会的好产品，用实际行动助力构建人类命运共同体。

——根据《运鸿集团坚持绿色创新持续开发服务于社会的好产品》① 整理

---

① 《运鸿集团坚持绿色创新持续开发服务于社会的好产品》，百度百家号，2022 年 8 月 25 日，https：//baijiahao. baidu. com/s? id = 1742121725897217501&wfr = spider&for = pc。

从上述案例可见，推进绿色技术的产业发展和研究发展，既要有相应的和相关的政策配套予以支持，也要有国家和社会各界对这项事业的全方位支持，由此推动企业绿色技术升级及其研发成果实现落地转化。推动企业绿色技术升级及其研发成果实现落地转化，既能带来社会经济效益也能带来生态环境效益。绿色技术及其研发成果只有与在地的生态环境相协调，才能保证整个社会的经济发展和生态环境治理及保护的协调并进，在为企业带来经济效益的同时也为全社会带来生态环境效益和社会效益。

第三节　让建设美丽中国成为全社会的共同事业

"美丽中国"是中国共产党第十八次全国代表大会提出的重要概念，强调把"生态文明建设"置于突出地位，融入中国特色社会主义经济建设、政治建设、文化建设、社会建设等各方面和全过程。这是"美丽中国"首次作为中国共产党执政理念而提出，也是新时代中国特色社会主义事业"五位一体"总体布局形成的重要依据。2022 年 10 月，习近平总书记在中国共产党第二十次全国代表大会上的报告中进一步提出，"我们要推进美丽中国建设，坚持山水林田湖草沙一体化保护和系统治理，统筹产业结构调整、污染治理、生态保护、应对气候变化，协同推进降碳、减污、扩绿、增长，推进生态优先、节约集约、绿色低碳发展"①。这表明建设"美丽中国"既是推进新时代中国特色社会主义生态文明建设的本质性特征之一，也是对中国式现代化建设所提出的基本要求之一。

---

① 习近平：《高举中国特色社会主义伟大旗帜　为全面建设社会主义现代化国家而团结奋斗——在中国共产党第二十次全国代表大会上的报告》，人民出版社，2022，第 50 页。

一　明确建设美丽中国的基本理念和具体路径

2013 年 5 月，习近平总书记在十八届中央政治局第六次集体学习时的讲话中指出，"建设生态文明，关系人民福祉，关乎民族未来。党的十八大把生态文明建设纳入中国特色社会主义事业五位一体总体布局，明确提出大力推进生态文明建设，努力建设美丽中国，实现中华民族永续发展。这标志着我们对中国特色社会主义规律认识的进一步深化，表明了我们加强生态文明建设的坚定意志和坚强决心"①。2018 年 5 月 4 日，习近平总书记在纪念马克思诞辰 200 周年大会上指出，"动员全社会力量推进生态文明建设，共建美丽中国，让人民群众在绿水青山中共享自然之美、生命之美、生活之美，走出一条生产发展、生活富裕、生态良好的文明发展道路"②。这表明，建设美丽中国，保护我国生态环境，关系广大人民群众的根本利益和中华民族发展的长远利益。

对广大人民群众而言，良好的生态环境就是最大的民生，青山、绿水和蓝天是幸福生活和美好生活的最直接体现。为此，习近平总书记提出，"要像保护眼睛一样保护生态环境，像对待生命一样对待生态环境"③，其基本目标在于为人民群众守护祖国美好河山和环境，至少守住不破坏与不污染我国生态环境这一条底线。2014 年 4 月 4 日，习近平总书记在参加首都义务植树活动时也指出，"全国各族人民要一代人接着一代人干下去，坚定不移爱绿植绿护绿，把我国森林资源培育好、保护好、发展好，努力建设美丽中国"④。习近平

---

① 中共中央文献研究室编《习近平关于社会主义生态文明建设论述摘编》，中央文献出版社，2017，第 5 页。
② 习近平：《在纪念马克思诞辰 200 周年大会上的讲话》，人民出版社，2018，第 21~22 页。
③ 中共中央文献研究室编《习近平关于社会主义生态文明建设论述摘编》，中央文献出版社，2017，第 8 页。
④ 中共中央文献研究室编《习近平关于社会主义生态文明建设论述摘编》，中央文献出版社，2017，第 117 页。

总书记的讲话提醒我们，祖国的生态环境是没有任何东西能够替代的，祖国的自然资源也并非用之不绝。因此，保护祖国的生态环境，可谓"功在当代、利在千秋"。对于各地各级党委和政府而言，建设美丽中国的首要一步就是引导广大人民群众清醒认识保护生态环境和治理环境污染的艰难性与紧迫性，深刻认识加强中国特色社会主义指导生态文明建设的重要性与必要性，以对广大人民群众和对子孙后代高度负责的态度，全面推进美丽中国和生态文明建设。在领导社会经济建设的过程中，坚持把"节约优先、保护优先、自然恢复为主"作为基本方针，把绿色产业发展、绿色技术发展和经济社会发展，作为建设美丽中国的基本途径。对此，习近平总书记指出，"生态文明发展面临日益严峻的环境污染，需要依靠更多更好的科技创新建设天蓝、地绿、水清的美丽中国"[①]。此外，各地各级党委和政府要把深化改革和创新绿色产能驱动作为生态文明建设和美丽中国建设的基本动力，切实把工作落实到实现"天蓝、地绿、水清"这一美丽愿景中去，让人民群众在优美的城乡生态环境中幸福生活。

建设美丽中国的基本理念是坚持人与自然和谐共生。在中华优秀传统文化和马克思主义自然观看来，人与自然实质上是生命共同体，因此人类必须在尊重自然、顺应自然、保护自然的基础上对自然资源和自然环境进行开发利用。2017年5月，习近平总书记在十八届中央政治局第四十一次集体学习时的讲话中指出，"全面促进资源节约集约利用。生态环境问题，归根到底是资源过度开发、粗放利用、奢侈消费造成的。资源开发利用既要支撑当代人过上幸福生活，也要为子孙后代留下生存根基"[②]。这告诉我们：建设生态文明、

---

① 中共中央文献研究室编《习近平关于社会主义生态文明建设论述摘编》，中央文献出版社，2017，第17页。

② 中共中央文献研究室编《习近平关于社会主义生态文明建设论述摘编》，中央文献出版社，2017，第77~78页。

建设美丽中国是中华民族永续发展的千年大计，我们要发展的中国式现代化是人与自然和谐共生的现代化，要在全社会树立"绿水青山就是金山银山"的理念，引导广大人民群众坚持节约资源和保护环境的基本国策，像对待生命一样对待祖国的生态环境。

案例：

　　春风催新绿，植树正当时。从 2021 年 4 月 7 日开始，陕西省榆林市上万名干部群众，拿起铁锹，走进毛乌素沙地，开展义务植树活动。在榆林市横山区义务植树现场，空中俯瞰，大家三五成群，分散在山坡沙梁上。当地 50 多个部门的干部职工以及群众共计 1000 余人，栽下近万株适宜沙地生长的樟子松和油松。毛乌素沙地是我国四大沙地之一，固定和半固定沙丘面积较大，生态脆弱。地处毛乌素沙地边缘的榆林市，受风沙侵蚀、沙漠围城，曾被迫三次南迁，生存一度成了当地面临的最大难题。经过当地政府持续不懈的努力，860 万亩流沙已全部得到治理，陕西也因此成为我国第一个完全"拴牢"流动沙地的省份。据了解，此次义务植树活动，榆林市共组织各区县上万名干部群众参与，2021 年，当地将完成义务植树 1000 万株，完成造林面积 1500 亩。义务植树 40 多年来，榆林市已累计组织 4650 多万人次参与植树造林，榆林市林木覆盖率从 0.9% 提高到目前的 36%，实现了地区性的荒漠化逆转，成为我国干旱、半干旱地区生态治理典型，这也使得我国在沙漠治理上成为全球典范。

　　——根据《陕西毛乌素沙地万人植树添绿 共护绿水青山》①整理

---

① 《陕西毛乌素沙地万人植树添绿 共护绿水青山》，百度百家号，2021 年 4 月 9 日，https：//baijiahao. baidu. com/s？ id = 1696532723892724341&wfr = spider&for = pc。

以上案例表明建设美丽中国的具体路径是着力解决生态环境和资源环境承载力与灾害风险等难题，实现人口、经济社会发展需要和资源环境承载力相均衡，以及经济社会效益和生态环境效益相统一。具体言之，则是珍惜我们的每一寸国土，在经济生产和社会生活的各项行动中尽可能集约化利用我国国土空间和自然资源，减少对自然生态的非科学、非合理占用和开发。就案例中所涉及的国土荒漠化治理问题，习近平总书记就发表过多次相关讲话。其中，2017年7月，习近平主席在致第六届库布其国际沙漠论坛的贺信中指出，"荒漠化是全球共同面临的严峻挑战。荒漠化防治是人类功在当代、利在千秋的伟大事业。中国历来高度重视荒漠化防治工作，取得了显著成就，为推进美丽中国建设作出了积极贡献，为国际社会治理生态环境提供了中国经验"[1]，极大地肯定了党的十八大以来我国在治理荒漠化难题上的伟大成绩。总而言之，党的十八大以来，以习近平同志为核心的党中央以前所未有的力度推进生态文明建设，我国生态环境得到了良好和科学的保护，美丽中国建设由此迈出重大步伐，人民群众从生态环境的极大改善上获得了空前的幸福感和安全感。为此，我们要再接再厉、不懈努力推进生态文明建设，让美丽中国的盛景处处呈现。

二 明确建设美丽中国的重点任务和科学发展观

建设美丽中国的重点任务是推进绿色发展——绿色化、生态化和科学化的中国式现代化发展，在发展过程中着力解决突出的生态环境问题，并将解决生态环境问题纳入生态文明建设的基本战略和美丽中国的理想规范。习近平总书记强调，推进绿色发展是建设美丽中国的重要基础，而着力解决突出的生态环境问题是人民群众最关心的问

---

[1] 中共中央文献研究室编《习近平关于社会主义生态文明建设论述摘编》，中央文献出版社，2017，第146页。

题，"我们要坚持节约资源和保护环境的基本国策，像保护眼睛一样保护生态环境，像对待生命一样对待生态环境，推动形成绿色发展方式和生活方式，协同推进人民富裕、国家强盛、中国美丽"①。加大生态环境治理和保护力度是建设美丽中国的长远大计，建成和完善生态文明建设的各项制度是建设美丽中国的体制保障，而组织和动员最广大人民群众自主、自愿与自觉参与新时代中国特色社会主义生态文明建设，积极推进美丽中国建设，则是生态文明制度建设得以运作的最基本动力。植树活动就是广大人民群众建设美丽中国的生动实践，"森林是陆地生态系统的主体和重要资源，是人类生存发展的重要生态保障。不可想象，没有森林，地球和人类会是什么样子。全社会都要按照党的十八大提出的建设美丽中国的要求，切实增强生态意识，切实加强生态环境保护，把我国建设成为生态环境良好的国家"②。

案例：

2021 年 11 月 5 日，位于塔克拉玛干沙漠北缘的新疆生产建设兵团第一师阿拉尔市开展秋季植树造林活动。80 多个单位1500 余人经过 3 个多小时的奋战，在 150 亩的戈壁荒滩共栽植3.5 万余株树苗。

大学生西部计划志愿者刘郭君说："我非常有幸能参加这次植树活动，来到这里后，我了解到老一辈的兵团人把戈壁荒滩建设成了绿洲，把'不毛之地'变成了万亩良田，他们的故事感染了我。我将继续发扬他们的这种精神，当好生态卫士，为边疆建设贡献微薄的力量。"

① 中共中央文献研究室编《习近平关于社会主义生态文明建设论述摘编》，中央文献出版社，2017，第 12 页。
② 中共中央文献研究室编《习近平关于社会主义生态文明建设论述摘编》，中央文献出版社，2017，第 115 页。

第一师阿拉尔市地处天山南麓、塔克拉玛干沙漠北缘、塔里木河上游两岸。近年来，第一师阿拉尔市深入践行"绿水青山就是金山银山"的理念，当好"生态卫士"，群众保护生态和增绿意识不断提高，踊跃参与义务植树，每年参加义务植树的市民达到15万人次，植树成活率和保存率均为87%。

26岁的侯莉南也在此次植树队伍当中，今年刚从山西考入第一师阿拉尔市公务员队伍的她与同事们一起挥舞着铁锹，栽下一棵棵树苗。

侯莉南说："作为一名新的兵团人，和大家一起参加这种大型的植树活动，为家园增添一份绿色，特别有意义。"

多年来，第一师阿拉尔市持续抓好防沙治沙林建设，初步构建了以绿洲外围荒漠生态林、防风固沙基干林、绿洲内部农田防护林、居民区绿化林为主体的四级生态防护屏障体系，林草覆盖率达21.7%。

目前，阿拉尔市建成区绿化覆盖率达38.74%，建成绿色交通、城市绿道、廊道绿景、滨河绿地，推窗见景、开门见绿、出门进园，已成为阿拉尔市民生活的常态。

——根据《新疆兵团第一师阿拉尔市沙漠边缘植树造林筑"绿色长城"》① 整理

此外，建设美丽中国必须立足人与自然是生命共同体的马克思主义自然观。人与自然是生命共同体，人类必须尊重自然、顺应自然、保护自然。以我国森林为例，习近平总书记指出，"我们要构筑尊崇自然、绿色发展的生态体系。人类可以利用自然、改造自然，但归根结底是自然的一部分，必须呵护自然，不能凌驾于自然之上。我们要

---

① 《新疆兵团第一师阿拉尔市沙漠边缘植树造林筑"绿色长城"》，中国新闻网，2021年11月5日，https://www.chinanews.com.cn/sh/2021/11-05/9603093.shtml。

解决好工业文明带来的矛盾，以人与自然和谐相处为目标，实现世界的可持续发展和人的全面发展"①。在习近平总书记看来，人类社会只有遵循自然规律，才能真正地、切实有效地防止在资源和生态环境开发利用中产生错误以及走上弯路，人类对大自然及其生态环境的破坏和伤害，最终只会伤及人类自身，这既是自然辩证法的基本规律，也是马克思主义自然观的基本观点。因此，作为马克思主义自然观中国化最新实践的新时代中国特色社会主义生态文明建设，必须把美丽中国建设摆在"五位一体"总体布局和"四个全面"战略布局的突出位置，坚持节约资源和保护环境的基本国策。其中的关键还在于明确，建设美丽中国必须树立绿水青山就是金山银山的理念。习近平总书记指出，必须树立和践行绿水青山就是金山银山的理念，"绿化祖国，改善生态，人人有责。要积极调整产业结构，从见缝插绿、建设每一块绿地做起，从爱惜每滴水、节约每粒粮食做起，身体力行推动资源节约型、环境友好型社会建设，推动人与自然和谐发展"②。绿水青山就是金山银山深刻揭示了经济社会发展与生态环境保护之间的本质关系，更新了全社会关于生态环境和自然资源的认识，打破了经济社会发展与生态环境保护"对立"的陈旧思维，从而让人们意识到，保护生态环境就是保护自然资源价值和生态环境资本，以及保护经济社会发展的生态环境潜力、生产力和承载力。因此，我们必须坚持和贯彻以习近平同志为核心的党中央所提出的新发展理念，平衡和处理好经济社会发展和生态环境保护的关系，坚定不移走生产发展、生活富裕、生态良好的文明发展道路，加快建设资源节约型、环境友好型社会，推动形成绿色发展方式和生活方式，推进美丽中国建设，

① 中共中央文献研究室编《习近平关于社会主义生态文明建设论述摘编》，中央文献出版社，2017，第131页。

② 中共中央文献研究室编《习近平关于社会主义生态文明建设论述摘编》，中央文献出版社，2017，第119页。

实现中华民族永续发展。

三 明确建设美丽中国必须树立的民生福祉观念

建设美丽中国必须坚持满足人民日益增长的美好生活需要，尤其是优美生态环境需要，这充分体现了中国共产党领导生态文明建设的民生福祉观念。2013 年 4 月习近平总书记在海南考察工作结束时指出，"纵观世界发展史，保护生态环境就是保护生产力，改善生态环境就是发展生产力。良好生态环境是最公平的公共产品，是最普惠的民生福祉。对人的生存来说，金山银山固然重要，但绿水青山是人民幸福生活的重要内容，是金钱不能代替的。你挣到了钱，但空气、饮用水都不合格，哪有什么幸福可言"①。随着中国特色社会主义进入新时代，我国社会主要矛盾已经转化为人民日益增长的美好生活需要和不平衡不充分的发展之间的矛盾。正因为人民美好生活需要变得日益广泛，因此对优美生态环境的需求也日益增长。从而，以习近平同志为核心的党中央才提出，必须坚持以人民为中心的发展思想，坚决打好污染防治攻坚战，为广大人民群众提供更多优质的生态产品，满足人民群众对优美生态环境新期待，以实实在在的生态文明建设增进民生福祉，提升人民群众的幸福感、获得感。

案例：

55 年来，河北塞罕坝林场的建设者们听从党的召唤，在"黄沙遮天日，飞鸟无栖树"的荒漠沙地上艰苦奋斗、甘于奉献，创造了荒原变林海的人间奇迹，用实际行动诠释了绿水青山就是金山银山的理念，铸就了牢记使命、艰苦创业、绿色发展的塞罕坝精神。他们的事迹感人至深，是推进生态文明建设的

---

① 中共中央文献研究室编《习近平关于社会主义生态文明建设论述摘编》，中央文献出版社，2017，第 4 页。

一个生动范例。

——根据《持之以恒推进生态文明建设　努力形成人与自然和谐发展新格局》① 整理

河北塞罕坝林场的建设，创造了荒原变林海的伟大奇迹，为全国乃至全世界荒漠治理提供了成功的和智慧的经验范本，从而获得习近平总书记的高度赞赏。而这也表明，建设美丽中国必须树立山水林田湖草等生态系统和生态环境治理的系统观念。坚持山水林田湖草是一个生命共同体的理念，意味着我们务必意识到生态是一个自然和社会相统一的系统，是各种自然要素和社会要素相互依存而实现循环交往的实践场所，对于实现中华民族永续发展的事业而言，这个实践场所就是我们祖国的美丽河山与生态环境。为此，习近平总书记提出，"全党全社会要坚持绿色发展理念，弘扬塞罕坝精神，持之以恒推进生态文明建设，一代接着一代干，驰而不息，久久为功，努力形成人与自然和谐发展新格局，把我们伟大的祖国建设得更加美丽，为子孙后代留下天更蓝、山更绿、水更清的优美环境"②。形成人与自然和谐发展新格局，既是马克思主义自然观和伦理观的实践要求，也是对中国共产党执政为民理念的具体体现，还是实现中华民族永续发展的必然要求。

案例：

在联合国《生物多样性公约》缔约方大会第十五次会议（COP15）生态文明论坛主题四——"基于自然解决方案的生态保护修复"论坛上，自然资源部国土空间生态修复司发布了

---

① 《持之以恒推进生态文明建设　努力形成人与自然和谐发展新格局》，《人民日报》2017年8月29日。
② 《习近平谈治国理政》第2卷，外文出版社，2017，第397页。

《中国生态修复典型案例集》（含 18 个案例），"塞罕坝机械林场治沙止漠筑牢绿色生态屏障"生态修复案例入选其中。

三代塞罕坝人时刻牢记改善自然环境、修复生态的建场初心，在"黄沙遮天日，飞鸟无栖树"的荒漠沙地上艰苦奋斗、甘于奉献，通过培育优质壮苗、攻克技术难关、加强森林抚育、严格资源保护等措施，为京津冀筑起了 93333 公顷阻沙源、保水源、拓财源的绿色生态屏障。与建场初期相比，林场有林地面积增加了 3.8 倍，林木蓄积量增加了 30.4 倍，森林覆盖率由11.4% 提高到 82%。

不仅如此，塞罕坝年均大风日数由 83 天减少到 53 天，年均降水量由不足 410 毫米增加到 479 毫米；每年可涵养水源、净化水质 2.84 亿立方米，固碳 86.03 万吨，释放氧气59.84 万吨；每年带动当地实现社会总收入超过 6 亿元，带动 1200 余户贫困户、1 万余贫困人口脱贫致富。"好风景"带来"好光景"，"绿水青山"真正成了脱贫致富的"绿色银行"。

据悉，这些案例是从相关部委、省级自然资源主管部门、公益组织等单位推荐的 127 个案例中遴选而出，兼顾生态系统类型的多样性、生态问题的典型性、修复手段和方法的综合性，体现出山水林田湖草沙系统修复、综合治理。

——根据《塞罕坝机械林场生态修复案例入选〈中国生态修复典型案例集〉》① 整理

在习近平生态文明思想指引下，河北塞罕坝林场的建设获得了世界瞩目的重大成就，这表明我国生态环境治理和保护从认识到实

---

① 《塞罕坝机械林场生态修复案例入选〈中国生态修复典型案例集〉》，百度百家号，2021 年10 月 29 日，https://baijiahao.baidu.com/s?id=1714912884116803711&wfr=spider&for=pc。

践发生了历史性、战略性和全局性变化。建设美丽中国，关涉中国人民的民生福祉，全面涵括人民群众的物质财富、精神财富和生态环境财富等，这是新时代中国特色社会主义事业"五位一体"总体布局的具体落实，其形象表达就是既要有金山银山又要有绿水青山，只有中国美丽起来，人民群众才能生活得更美好、更幸福。新时代中国特色社会主义生态文明建设和美丽中国建设，既没有重复西方资本主义国家"先污染后治理"的老路，也没有以邻为壑将污染物转嫁给广大第三世界国家，而是摒弃落后的生产模式和生活方式，落实绿色发展理念，实现经济社会效益与生态环境效益的协调并进，让中国经济社会和中华民族获得永续发展的坚实基础，良好的生态环境就是中国人民最普惠的民生福祉。

第七章
共同推进全球生态环境治理和保护

　　随着人类社会对自然资源开发利用深度和广度的全面推进，进入 21 世纪以来，全球多地自然灾害频发。新冠疫情的蔓延，更是触发人类对人与自然关系的深刻反思。全球生态环境治理和保护在未来将更受关注，而全球性生态环境危机亟须加强国际合作的战略行动。党的十八大以来，习近平主席多次在不同国际场合发表重要讲话，深刻阐明全球生态环境治理和保护的重要性，在国际社会提倡和推广"人与自然和谐共生"的理念，呼吁全世界共同推进生态环境治理和保护的进程。新时代中国必须通过与各国各民族共同建设美丽地球共有家园，以及共同构建人类命运共同体，贡献中国智慧、中国方案和中国力量，从而彰显新时代中国对全球生态环境治理和保护以及生态文明建设的政治担当。

第一节　确立符合中国国情的生态文明建设价值观

　　中国特色社会主义现代化道路之所以取得成功，是因为其既体现了中国广大人民群众追求美好生活的热切期望和根本利益，又反映了中华民族追求现代化发展的历史趋势与时代特征。因此，这是一条从中国实际出发、符合中国基本国情的社会主义发展道路。当前，中国已实现全面建成小康社会的宏伟目标，但仍必须坚定不移地走中国特色社会主义道路，继续统筹推进包括生态文明建设在内的

"五位一体"总体布局。中国特色社会主义生态文明建设是以中国基本国情为现实基础的生态文明建设，必须立足于我国现阶段发展的特征和实际，积极探索符合中国国情的中华民族永续发展道路。2023 年 8 月，习近平主席在 2023 年金砖国家工商论坛闭幕式上发表致辞指出，"我们将继续推进生态文明建设，加快建设美丽中国，积极稳妥推进碳达峰碳中和，促进经济社会发展全面绿色转型。展望未来，随着中国 14 亿多人口整体迈进现代化，中国必将对世界经济作出更大贡献，为各国工商界提供更大空间"①。生态文明建设是中国向世界生态环境治理和保护事业提供的一种新方案，既继承和发扬了中华优秀传统文化中的生态自然观，又发展了马克思主义自然观，实现了马克思主义与中华优秀传统文化的深度结合。

一　继承和发扬中华优秀传统文化中的生态自然观

继承和发扬中华优秀传统文化及其生态自然观是以习近平同志为核心的党中央一直关注的重要问题。习近平总书记曾经指出，"我们要坚持不忘本来、吸收外来、面向未来，既向内看、深入研究关系国计民生的重大课题，又向外看、积极探索关系人类前途命运的重大问题；既向前看、准确判断中国特色社会主义发展趋势，又向后看、善于继承和弘扬中华优秀传统文化精华"②。党的十八大以来，以习近平同志为核心的党中央把生态文明建设作为统筹推进"五位一体"总体布局和协调推进"四个全面"战略布局的重要内容，谋划开展了一系列根本性、战略性和长远性的重要工作。习近平总书记在传承中华优秀传统文化基础上，以马克思主义自然观为指

---

① 《习近平出席金砖国家领导人第十五次会晤并发表重要讲话》，《人民日报》2023 年 8 月 24 日。
② 习近平：《在哲学社会科学工作座谈会上的讲话》，人民出版社，2016，第 16 页。

导，依据人民群众对美好生活的需要及对健康生活的追求，深刻回答了为什么建设生态文明、建设什么样的生态文明、怎样建设生态文明等重大理论和实践问题，从而形成了习近平生态文明思想，蕴含着中华民族人与自然和谐共生的自然辩证法智慧。

而人与自然和谐共生是当代中华民族实现永续发展的美好目标，"天人合一"则是中华优秀传统文化和中国古代哲学思想家所提出的伟大智慧，已经深深融入中华民族的精神文明历史之中。习近平总书记提出的"人与自然和谐共生"继承和超越了"天人合一"思想。生态文明建设是关系中华民族永续发展的根本大计，习近平总书记指出，"生态文明建设事关中华民族永续发展和'两个一百年'奋斗目标的实现，保护生态环境就是保护生产力，改善生态环境就是发展生产力，必须坚持节约优先、保护优先、自然恢复为主的基本方针，采取有力措施推动生态文明建设在重点突破中实现整体推进"①。中华民族向来尊重自然、敬畏自然和顺应自然，在 5000 多年的文明史中，中华民族创造了丰富的生态自然文化思想，深深体会"生态兴则文明兴，生态衰则文明衰"的道理，从而提倡人类社会和中华民族的永续发展要建立在人与自然和谐共生的基础上。为此，习近平总书记才提出"绿水青山就是金山银山"的重要理念，蕴含着中华民族的生态自然文化思想，并已经成为家喻户晓的名言，以科学的视角和人文的立场，阐释了生态环境保护和经济社会发展之间的辩证关系。因此，中华优秀传统文化的生态价值观实现了创造性转化和创新性发展，广大人民群众日益意识到，"走向生态文明新时代，建设美丽中国，是实现中华民族伟

---

① 中共中央文献研究室编《习近平关于社会主义生态文明建设论述摘编》，中央文献出版社，2017，第 9 页。

大复兴的中国梦的重要内容"①。

中华优秀传统文化中的生态自然观和生态文明建设智慧，是中华民族和中华文明的瑰宝，值得当代中国人民去发掘和继承，其对新时代中国特色社会主义生态文明建设也有深刻的现实意义和启示意义。因此，青年大学生应该响应习近平总书记关于继承和发扬中华优秀传统文化中的生态自然观的号召，展现和践行中华民族尊重自然、顺应自然、保护自然的生态文明理念，进而树立先进的社会主义生态文明观，成为生态文明建设的优秀实践者和引领者。

二　开创新时代中国生态文明建设的人文和科学精神

新时代中国特色社会主义生态文明建设要树立正确的人文精神。生态文明的关键词是"文明"，这是生态文明建设的核心所在。习近平新时代中国特色社会主义思想作为马克思主义中国化的最新理论成果，在文明建设问题上坚持认为，文明建设包含物质和精神两个层面，对于物质文明建设和精神文明建设，两手都要抓，两手都要硬。在中国特色社会主义伟大事业的发展进程中，坚持物质文明和精神文明的协调发展，是中国共产党治国理政的重要原则和宝贵经验。而生态文明建设作为一项自然治理和社会治理相结合的综合工程，不仅需要物质层面的基础性支持，而且需要精神层面的心灵性鼓舞。为此，习近平总书记提出，"要加强生态文明宣传教育，把珍惜生态、保护资源、爱护环境等内容纳入国民教育和培训体系，纳入群众性精神文明创建活动，在全社会牢固树立生态文明

---

① 李伟红、汪志球、黄娴：《生态文明贵阳国际论坛二〇一三年年会开幕——习近平致贺信张高丽出席并发表简短讲话》，《人民日报》2013 年 7 月 21 日。

理念，形成全社会共同参与的良好风尚"①。以习近平同志为核心的党中央深刻认识到，人民群众对优美生态环境的需要，既包括生态文明的物质方面，也包括生态文明的精神方面，因此生态文明建设必须兼顾物质和精神的协调发展，物质与精神两者不可偏废。其中，生态文明的人文精神力量是关键。马克思主义认为，人类在与大自然进行物质交往过程中，应当正确地和辩证地发挥主观能动性，而正确的人文精神就是辩证的主观能动性的体现，对自然资源的开发利用有正确的生态伦理精神支撑——坚持着"人与自然和谐共生"的理念去进行实践。而只有将人与自然和谐共生的理念内化到生态环境治理和保护的行动中，才能在经济社会层面和生态环境层面增进人民幸福，切实建成美丽中国，满足人民日益增长的美好生活需要。

新时代中国特色社会主义生态文明建设还要树立先进的科学精神。追求科学的治理精神是生态文明建设的智力支柱。生态文明建设既是一个政治问题，也是一个科学问题，因此需要以科学办法去思考和推进生态文明建设。对此，2017年7月习近平主席在致第十九届国际植物学大会的贺信中指出，"近年来，中国在水稻育种、基因组学、进化生物学、生物技术等领域取得举世瞩目的成果。中国将坚持创新、协调、绿色、开放、共享的发展理念，加强生态文明建设，努力建设美丽中国，广泛开展植物科学研究国际交流合作，同各国一道维护人类共同的地球家园"②。习近平总书记注重在生态文明建设中坚持科学治理精神，这告诉我们：新时代中国特色社会主义生态文明建设务必尊重科学精神、运用科学技术和开发科学智

① 中共中央文献研究室编《习近平关于社会主义生态文明建设论述摘编》，中央文献出版社，2017，第122页。
② 中共中央文献研究室编《习近平关于社会主义生态文明建设论述摘编》，中央文献出版社，2017，第145页。

慧，具体到生态环境治理和保护工作过程中就是充分与实事求是地尊重大自然的基本规律以及生态文明建设的发展规律。新时代中国特色社会主义生态文明建设是一个长期的实践过程，需要将科学研究的严谨精神与社会治理的严格精神结合起来，久久为功，打好全球生态环境治理和保护以及生态文明建设这一场事关中华民族和人类命运的重要战役。为此，习近平总书记指出，"人类发展活动必须尊重自然、顺应自然、保护自然，否则就会受到大自然的报复。这个规律谁也无法抗拒。要加深对自然规律的认识，自觉以对规律的认识指导行动。不仅要研究生态恢复治理防护的措施，而且要加深对生物多样性等科学规律的认识；不仅要从政策上加强管理和保护，而且要从全球变化、碳循环机理等方面加深认识，依靠科技创新破解绿色发展难题，形成人与自然和谐发展新格局"①。

三 追寻和认同中华民族永续发展的伟大精神

生态文明建设是关系中华民族永续发展的千年大计。党的十八大以来，习近平总书记在中国特色社会主义事业基础上，为实现中华民族伟大复兴中国梦提出了生态文明建设的战略支持，从而形成习近平生态文明思想，指导着我国生态文明建设和生态环境治理与保护的稳健前行，开辟了中国历史上和世界历史上的生态文明建设理论与实践的新境界，为中华民族永续发展的千年大计打下了坚实的理论和实践基础。习近平总书记提出中华民族永续发展的重要理念，与中国共产党"坚持人民至上"的优良传统紧密相关。在中国共产党人的执政理念中，"坚持人民至上"就是要全面和认真贯彻"以人民为中心"的革命和建设思想，中国共产党领导近代中国新民主主义革命以及社会主义建设和改革，就是全面贯彻这一思想的体

---

① 中共中央文献研究室编《习近平关于社会主义生态文明建设论述摘编》，中央文献出版社，2017，第 34 页。

现。习近平总书记讲过，"中华民族是爱好和平的民族。消除战争，实现和平，是近代以后中国人民最迫切、最深厚的愿望。走和平发展道路，是中华民族优秀文化传统的传承和发展，也是中国人民从近代以后苦难遭遇中得出的必然结论。中国人民对战争带来的苦难有着刻骨铭心的记忆，对和平有着孜孜不倦的追求，十分珍惜和平安定的生活。中国人民怕的就是动荡，求的就是稳定，盼的就是天下太平"①。这一光辉的历史实践和精神在新时代进一步体现为中华民族永续发展和伟大复兴，而社会主义生态文明建设就是实现这一伟大目标的重要基础。

为此，以习近平同志为核心的党中央对全国生态文明建设事业进行了一系列根本性、开创性、长远性的重要部署，就是要将实现中华民族伟大复兴的梦想贯彻和落实到生态文明建设的各个环节和各个方面，具有重大现实意义和深远历史影响。早在2012年12月，习近平总书记在广东考察工作时就指出："要实现永续发展，必须抓好生态文明建设。我们建设现代化国家，走美欧老路是走不通的，再有几个地球也不够中国人消耗。中国现代化是绝无仅有、史无前例、空前伟大的。现在全世界发达国家人口总额不到十三亿，十三亿人口的中国实现了现代化，就会把这个人口数量提升一倍以上。走老路，去消耗资源，去污染环境，难以为继！"② 但同时，习近平总书记一直以来也不断地提醒广大干部和群众，我国生态文明建设仍然任重道远，许多地方依然面临生态治理矛盾和环境污染的挑战，尽管我国生态文明建设正在稳中向好的历史趋势中前行，但从根本上改善全国生态环境质量的历史性拐点还没有到来，生态文明建设正处于并可能长期处于机遇和挑战并存的关键期。然而，

① 《习近平谈治国理政》，外文出版社，2014，第247~248页。
② 中共中央文献研究室编《习近平关于社会主义生态文明建设论述摘编》，中央文献出版社，2017，第3~4页。

在中国共产党"坚持人民至上"的执政理念感召下，经过全国各地各级党委和政府的努力治理及积极示范，社会各界、各行业和各产业领域等正在不断提供更多优质的生态产品，以满足人民日益增长的优美生态环境需要，以高水平的、现代化的生态环境治理和保护能力，为最广大人民群众创造经济社会效益和生态环境效益协调并进的高品质生活。

总而言之，新时代中国特色社会主义生态文明建设，功在当代，利在千秋。我们要在以习近平同志为核心的党中央的领导下，深入学习贯彻习近平生态文明思想，保持坚持和参与生态文明建设的积极性，久久为功，锲而不舍，促进我国生态环境的持续改善，努力建设人与自然和谐共生的美丽中国，从而实现中华民族永续发展。

第二节　为全球生态环境保护贡献中国力量

生态环境保护是全人类的共同事业，实现生态环境的永久持存是世界各国各民族共同追求的伟大目标。生态环境关系世界各国各民族的民生福祉，因此生态文明建设不仅关乎中华民族的永续发展，而且关乎人类未来的生存。从而，以习近平同志为核心的党中央提出，建设美丽家园不仅是人类的共同梦想，而且是中华民族的应有贡献。新时代中国基于构建人类命运共同体的历史责任感，把生态环境保护与人类文明发展和中华民族伟大复兴结合起来，向全世界推广实现"人与自然和谐共生"的崇高理念，履行作为世界大国的道义责任与政治担当，尤其是为广大发展中国家实现绿色发展的现代化提供愈来愈多的有益支持，从而为全球生态环境保护贡献中国力量。

一　实现生态环境治理体系和治理能力现代化

全世界各国各民族人民共同开展全球性的生态文明建设，以及建成美丽世界，是实现生态环境治理体系和治理能力现代化的美好远大目标。在这个过程中，中国正发挥着越来越重要的作用，并贡献着中国方案和中国智慧。随着中国特色社会主义进入新时代，以习近平同志为核心的党中央愈加注重从全球生态环境治理和保护的高度出发，大力推进生态文明建设。近年来，我国生态文明建设取得了巨大的成就，积累了许多成功经验。在这些成功经验和理论基础上，我国提出了一系列的生态环境治理和保护的战略目标。其中，前期的和基本完成的战略目标是：到 2020 年，生态环境质量总体改善，主要污染物排放总量大幅减少，环境风险得到有效管控，生态环境保护水平同全面建成小康社会目标相适应。① 而未来的总体目标是：通过加快构建生态文明体系，确保到 2035 年节约资源和保护生态环境的空间格局、产业结构、生产方式、生活方式总体形成，生态环境质量实现根本好转，美丽中国目标基本实现；到本世纪中叶，生态文明全面提升，实现生态环境领域国家治理体系和治理能力现代化。②

2013 年 11 月，党的十八届三中全会首次提出"推进国家治理体系和治理能力现代化"这一重大命题，并且把"完善和发展中国特色社会主义制度，推进国家治理体系和治理能力现代化"确定为全面深化改革的总目标。这在生态文明建设领域可进一步具体化为实现生态环境治理体系和治理能力现代化，将生态文明建设

---

① 参见中共中央党史和文献研究院编《十九大以来重要文献选编》（上），中央文献出版社，2019，第 509 页。

② 参见中共中央党史和文献研究院编《十九大以来重要文献选编》（上），中央文献出版社，2019，第 509 页。

范畴升华为国家治理和中国式现代化的战略范畴。进入新时代，中国社会经济及其产业结构发生优化转型，随之而来的是生态文明建设的优化转型。这一转型既是全面建成小康社会的历史必然，也是中国式现代化建设尤其是社会主义现代化国家建设所形成的宝贵经验。对此，习近平总书记指出，"面向未来，中国将把生态文明建设作为'十三五'规划重要内容，落实创新、协调、绿色、开放、共享的发展理念，通过科技创新和体制机制创新，实施优化产业结构、构建低碳能源体系、发展绿色建筑和低碳交通、建立全国碳排放交易市场等一系列政策措施，形成人和自然和谐发展现代化建设新格局"①，在世界范围内传播了中国生态文明建设的有益经验，尤其是为第三世界国家指明了实现生态环境治理体系和治理能力现代化的重要性。工业革命后，少数西方老牌的资本主义国家形成了资本主义的现代化模式，尽管带来社会生产力和工业技术的极大提高，但是由于这种资本主义现代化模式是建立在"高物质资源消耗、高碳排放、高环境代价"基础之上的，生态环境保护与经济社会发展之间长期处于极端矛盾状态，并且使得世界上极少数国家及其人口享受着丰富的物质财富和生活，而绝大多数国家及其人民却长期处于贫困境地，并愈来愈以牺牲本国生态环境为代价去承受西方工业污染而换取西方国家给予的所谓的"经济支援"，从而出现了所谓现代化悖论。而中国式现代化及其形成的生态环境治理体系和治理能力现代化经验，能够为各国建立生态环境治理体系和提升治理能力提供经验启示，改变传统的工业化发展理念和经济发展模式，促进现代化道路的转向，实现生态环境保护与经济社会发展的协调并进。

联合国环境规划署前执行主任施泰纳曾表示，"中国的生态文明

---

① 中共中央文献研究室编《习近平关于社会主义生态文明建设论述摘编》，中央文献出版社，2017，第31页。

建设是对可持续发展理念的有益探索和具体实践，为其他国家应对类似的经济、环境和社会挑战提供了经验借鉴"。国际展览局秘书长洛塞泰斯评价道，"作为一个拥有众多城市的人口大国，中国积极有效地推进绿色城市理念，付出巨大努力来改善环境、保护自然，这对全世界具有示范作用"①。

二　走出一条具有本国特色的生态文明建设道路

新时代中国特色社会主义生态文明建设既是关乎中华民族永续发展的伟大实践，也是科学的和现实的实践经验。其立足于新时代中国的基本国情，确立于新时代中国特色社会主义事业"五位一体"总体布局，既具有人类社会生态文明建设的一般特征，又具有中国特色和风格。2018 年 5 月 18～19 日，全国生态环境保护大会在北京召开，习近平总书记在大会上发表重要讲话，提出加强生态文明建设必须坚持的原则，强调要加快构建生态文明体系。2015 年 9 月 27 日，习近平主席出席联合国气候变化问题领导人工作午餐会时又指出，"协议必须遵循气候变化框架公约的原则和规定，特别是共同但有区别的责任原则、公平原则、各自能力原则。各国要立足行动，抓好成果落实，根据本国国情，提出应对气候变化的自主贡献"②。新时代中国特色社会主义生态文明建设表明，各国应该亦能够走出一条具有本国特色的生态文明建设道路。

进入新时代以来，中国之所以能走出一条具有本国特色的社会主义生态文明建设道路，其中一个原因就在于正确把握生态环境保

---

① 丁金光、董雯千：《中国何以成为全球生态文明建设引领者》，《中国社会科学报》2021 年 11 月 9 日。

② 中共中央文献研究室编《习近平关于社会主义生态文明建设论述摘编》，中央文献出版社，2017，第 129～130 页。

护和经济社会发展的辩证关系，成功探索出能够协调和积极推进生态优先和绿色发展的现代化道路。对于世界各国各民族人民尤其是对于第三世界国家而言，推动本国国民经济的绿色发展，关键是要处理好"绿水青山"和"金山银山"的关系。这不仅是第三世界国家实现可持续发展和跨越式发展的内在要求，而且是第三世界国家推进具有本国特色的现代化建设的重大原则。

首先，应把节约资源放在国民经济发展的首位。推动本国国民经济的绿色发展，务必推动资源利用方式根本转变，发展绿色化、集约化、效率化和生态化的循环经济。而新时代中国特色社会主义生态文明建设经验，则是通过狠抓节能减排而降低社会经济生产过程的能源和资源消耗，以及实现水资源的节约利用、矿产资源的节约利用、土地资源的节约和集约利用，从而实现资源和能源消耗在国民经济发展中的总体性节约。

其次，坚持节约优先、保护优先、自然恢复为主。新时代中国推进生态文明建设，坚持的是"节约优先、保护优先、自然恢复为主"的方针。这一方针充分体现了新时代中国特色社会主义生态文明建设的基本规律及内在要求，准确反映了中国作为发展中国家的基本国情和生态文明建设所面临的突出矛盾和问题。这在相当程度上为世界各国各民族尤其是第三世界国家指出了推进生态文明建设的着力方向。

最后，推进绿色发展、循环发展、低碳发展。世界上大部分国家尤其是发展中国家普遍面临日益严峻的生态环境和资源环境恶化状况，个别地区还面对资源和能源约束愈加趋紧、环境污染加重和蔓延、自然生态系统迅速退化的严峻形势。新时代中国特色社会主义生态文明建设推进绿色发展、循环发展、低碳发展，就是在国民经济发展上把"绿色发展"作为方向，在环境污染治理上把社会综合效益放在首位，让"绿色发展、循环发展、低碳发展"三个方面形成一个统一的有机整体。这在相当程度上能够构成对于世界各国各民族尤其是第三世界国家生态文明建设的基本引导。

第三节　加强和完善全球生态治理体系

生态系统既是人类赖以生存和发展的基础和保障，也是衡量生态文明建设水平的关键指标。面对生态环境破坏和污染的挑战，人类社会"一荣俱荣、一损俱损"。为此，中国始终主张在全球生态治理议题上实行多边主义的合作共赢。习近平主席多次发表重要讲话，强调国际社会要以前所未有的决心共同构建人与自然的生命共同体，世界各国各民族"要坚持同舟共济、权责共担，携手应对气候变化、能源资源安全、网络安全、重大自然灾害等日益增多的全球性问题，共同呵护人类赖以生存的地球家园"[①]。这体现了追求人与自然和谐共生的理念，以及新时代中国致力于加强和完善全球生态治理体系的决心。

一　建设全球生态治理体系需要在全球范围内采取有力行动

全球环境治理面临前所未有的困难。对于这些困难，习近平主席以全球气候危机为例指出："气候变化关乎全人类生存和发展，需要在全球范围内采取及时有力行动。"[②] 自人类社会进入工业文明时代以来，世界各国各民族在创造巨大的社会物质财富的同时，也加速了对自然生态的破坏和自然资源的开发，从而打破了全球自然生

---

① 中共中央文献研究室编《习近平关于社会主义生态文明建设论述摘编》，中央文献出版社，2017，第128页。

② 中共中央文献研究室编《习近平关于社会主义生态文明建设论述摘编》，中央文献出版社，2017，第143页。

态系统的平衡，使人与自然的矛盾日益尖锐。尤其是进入 21 世纪以来，气候变化极端化、生物多样性日益丧失、土地荒漠化现象进一步加剧等自然生态危机事件频频发生，给人类的生存与发展带来了严峻挑战。而 2020 年，新冠疫情的持续蔓延，使各国经济社会发展雪上加霜，公共卫生危机和经济危机交融在一起，给国际社会带来了史无前例的大挑战，对于全球生态治理体系的需要也空前提高。

第一，建设全球生态治理体系需要在全球范围内采取有力行动，而首要工作就是在全球范围内传播"人与自然和谐共生"的理念。习近平总书记在 2015 年 9 月撰文提出，"我们要构筑尊崇自然、绿色发展的生态体系。人类可以利用自然、改造自然，但归根结底是自然的一部分，必须呵护自然，不能凌驾于自然之上。我们要解决好工业文明带来的矛盾，以人与自然和谐相处为目标，实现世界的可持续发展和人的全面发展"①。要让国际社会深刻意识到建设全球生态治理体系的紧迫性与重要性。世界各国各民族人民的生态环境保护意识只有越来越强，在全球生态问题上日益反思自身的行为，生态环境保护意识才能积极转变为生态保护行为。在全球生态环境保护意识的积极引导下，世界各国各民族将开始转变传统的"先污染后治理"的经济社会发展模式，转而与新时代中国一道朝着"构筑尊崇自然、绿色发展的生态体系"的方向前进。这既是全球生态环境保护的价值观念提升，又是人类社会生产和生活方式的根本转变；这既是中国和世界各国生态环境保护的新道路，又是人类文明进程的希望所在。对此，习近平总书记指出，"建设生态文明关乎人类未来。国际社会应该携手同行，共谋全球生态文明建设之路，牢固树立尊重自然、顺应自然、保护自然的意识，坚持走绿色、低碳、循环、可持续发展之路。在这方面，中国责无旁贷，将继

---

① 中共中央文献研究室编《习近平关于社会主义生态文明建设论述摘编》，中央文献出版社，2017，第 131 页。

续作出自己的贡献"①。

第二，建设全球生态治理体系，需要争取世界各国的积极支持和共同参与。气候变化极端化、生物多样性日益丧失、土地荒漠化现象进一步加剧等生态危机事件，不可能仅靠一个国家的力量就能解决，全球生态环境治理和保护需要世界各国展开密切合作才能实现，从而共同打造良好的全球自然生态系统。国际间的全球生态治理是人类社会实现共同生存和发展的基础。对此，习近平主席指出，"《联合国气候变化框架公约》生效二十多年来，在各方共同努力下，全球应对气候变化工作取得积极进展，但仍面临许多困难和挑战。巴黎大会正是为了加强公约实施，达成一个全面、均衡、有力度、有约束力的气候变化协议，提出公平、合理、有效的全球应对气候变化解决方案，探索人类可持续的发展路径和治理模式"②。2017 年 9 月，习近平主席在致《联合国防治荒漠化公约》第十三次缔约方大会高级别会议的贺信中，以全球合作共同治理荒漠化问题为例再次强调："公约生效二十一年来，在各方共同努力下，全球荒漠化防治取得明显成效，但形势依然严峻，世界上仍有许多地方的人民饱受荒漠化之苦。这次大会以'携手防治荒漠，共谋人类福祉'为主题，共议公约新战略框架，必将对维护全球生态安全产生重大而积极的影响。"③

第三，建设全球生态治理体系，共促全球生态文明建设。在全球生态治理问题上，习近平总书记始终主张，世界各国之间的通力合作是实现建成全球生态治理体系的充分必要条件，而世界各国之

---

① 中共中央文献研究室编《习近平关于社会主义生态文明建设论述摘编》，中央文献出版社，2017，第 131 页。

② 中共中央文献研究室编《习近平关于社会主义生态文明建设论述摘编》，中央文献出版社，2017，第 133 页。

③ 中共中央文献研究室编《习近平关于社会主义生态文明建设论述摘编》，中央文献出版社，2017，第 146 页。

间的通力合作首先表现为国家与国家之间在生态环境危机及其治理
上的共同命运感，表现为顾全人类共同利益和全局利益，表现为各
个国家和各个民族秉承求同存异的基本原则，共同推进全球生态文
明建设。对此，习近平总书记呼吁："我们要坚持同舟共济、权责共
担，携手应对气候变化、能源资源安全、网络安全、重大自然灾害
等日益增多的全球性问题，共同呵护人类赖以生存的地球家园。"①

二　中国要做全球生态文明建设的参与者和引领者

在全球生态文明建设中，中国作为世界上最大的发展中国家，
在树立生态文明思想、履行国际环境公约、援助发展中国家等领域
作出了巨大贡献，得到了国际社会尤其是第三世界国家的普遍认可。
党的十八大以来，中国积极参与全球环境治理，在国际环境外交中
的作用和地位日益提升，已成为全球生态文明建设的重要参与者、
贡献者和引领者。2016 年 9 月，习近平主席以中国应对气候变暖为
例指出，"中国为应对气候变化作出了重要贡献。中国倡议二十国集
团发表了首份气候变化问题主席声明，率先签署了《巴黎协定》。我
作为中国国家主席，今天根据全国人大常委会的决定批准了《巴黎
协定》。我现在向联合国交存批准文书，这是中国政府作出的新的庄
严承诺"②。在 2023 年金砖国家工商论坛闭幕式上的致辞中，习近平
主席又提出："我们将继续推进生态文明建设，加快建设美丽中国，
积极稳妥推进碳达峰碳中和，促进经济社会发展全面绿色转型。展
望未来，随着中国 14 亿多人口整体迈进现代化，中国必将对世界经

---

① 中共中央文献研究室编《习近平关于社会主义生态文明建设论述摘编》，中央文献出版
　社，2017，第 128 页。
② 中共中央文献研究室编《习近平关于社会主义生态文明建设论述摘编》，中央文献出版
　社，2017，第 139 页。

济作出更大贡献，为各国工商界提供更大空间。"① 这表明新时代的中国政府和人民坚信，只要世界各国人民团结一心，加强合作，就无惧前进道路上的任何风险挑战，就一定能推动包括生态文明建设在内的人类发展事业的巨轮驶向更加光明的未来。

第一，中国要引领世界各国关注生态文明建设而展望人类社会的未来命运。2021 年 7 月 6 日，习近平总书记出席中国共产党与世界政党领导人峰会并发表主旨讲话提出，"我们要担负起加强合作的责任，携手应对全球性风险和挑战。面对仍在肆虐的新冠肺炎疫情，我们要坚持科学施策，倡导团结合作，弥合'免疫鸿沟'，反对将疫情政治化、病毒标签化，共同推动构建人类卫生健康共同体。面对恐怖主义等人类公敌，我们要以合作谋安全、谋稳定，共同扎好安全的'篱笆'。面对脆弱的生态环境，我们要坚持尊重自然、顺应自然、保护自然，共建绿色家园。面对气候变化给人类生存和发展带来的严峻挑战，我们要勇于担当、同心协力，共谋人与自然和谐共生之道"②。作为世界上最大的发展中国家，作为通过自力更生而走上具有本国特色的社会主义道路的国家，中国根据自己建设生态文明的成功经验，主张在全球范围内加快构筑"尊崇自然、绿色发展的生态体系"，从而争取建成一个具有良好生态环境的美好世界。要实现这一目标，新时代中国就必须深度参与到全球生态环境治理和保护的伟大事业中去，积极引导建设生态文明的国际新秩序，提出切实有助于世界生态环境治理和保护以及人类社会可持续发展的方案，推进绿色"一带一路"建设，让生态文明建设造福各国人民，增强在全球生态环境治理和保护体系中的话语权和影响力。

---

① 《深化团结合作 应对风险挑战 共建更加美好的世界——在 2023 年金砖国家工商论坛闭幕式上的致辞》，《人民日报》2023 年 8 月 23 日。

② 习近平：《加强政党合作 共谋人民幸福——在中国共产党与世界政党领导人峰会上的主旨讲话》，人民出版社，2021，第 5～6 页。

　　第二，中国始终积极参与全球生态文明建设及其国际合作。2015 年 10 月 18 日，习近平主席在接受路透社采访时指出，"中国向联合国提交了国家自主贡献，这既是着眼于促进全球气候治理，也是中国发展的内在要求，是为实现公约目标所能作出的最大努力。中国宣布建立规模为二百亿元人民币的气候变化南南合作基金，用以支持其他发展中国家"①。随后，习近平主席又于 2016 年 9 月在浙江杭州举行的中美气候变化《巴黎协定》批准文书交存仪式上指出，"中国是负责任的发展中大国，是全球气候治理的积极参与者。中国已经向世界承诺将于二〇三〇年左右使二氧化碳排放达到峰值，并争取尽早实现。中国将落实创新、协调、绿色、开放、共享的发展理念，坚持尊重自然、顺应自然、保护自然，坚持节约资源和保护环境的基本国策，全面推进节能减排和低碳发展，迈向生态文明新时代"②。2017 年 7 月，习近平主席在致第十九届国际植物学大会的贺信中指出，"近年来，中国在水稻育种、基因组学、进化生物学、生物技术等领域取得举世瞩目的成果。中国将坚持创新、协调、绿色、开放、共享的发展理念，加强生态文明建设，努力建设美丽中国，广泛开展植物科学研究国际交流合作，同各国一道维护人类共同的地球家园"③。这充分体现了在引导生态环境治理的全球化方面，中国一直努力争取成为全球生态文明建设的参与者、贡献者和引领者。

　　中国政府始终把"加强生态文明建设、加强生态环境保护、提倡绿色低碳生活方式"作为建设生态文明的重要任务，这是因为中

---

① 中共中央文献研究室编《习近平关于社会主义生态文明建设论述摘编》，中央文献出版社，2017，第 133 页。
② 中共中央文献研究室编《习近平关于社会主义生态文明建设论述摘编》，中央文献出版社，2017，第 142 页。
③ 中共中央文献研究室编《习近平关于社会主义生态文明建设论述摘编》，中央文献出版社，2017，第 145 页。

国共产党和国家领导人充分意识到，一个国家的生态治理战略必然会影响另一个国家的生态治理战略，而为了提升全球的生态环境治理和保护效果，世界各国各民族应该协同起来，积极转变传统的经济发展模式，树立人类命运共同体意识而共同承担全球生态治理的责任。随着全球生态治理体系的发展，生态治理全球化成为人类社会的历史潮流和时代需求，而中国将继续在全球生态文明建设中扮演好参与者、贡献者和引领者角色。

三 为绿色"一带一路"建设提供中国方案

共建"一带一路"是以习近平同志为核心的党中央通过深刻思考中国和世界发展大势所提出的发展倡议。2013 年 9 月和 10 月，习近平主席在出访中亚和东南亚国家期间，先后提出共建"丝绸之路经济带"和"21 世纪海上丝绸之路"的重大倡议，得到了国际社会的高度关注和积极回应。2022 年 12 月，习近平主席在《生物多样性公约》第十五次缔约方大会第二阶段高级别会议开幕式上致辞："未来，中国将持续加强生态文明建设，站在人与自然和谐共生的高度谋划发展，响应联合国生态系统恢复十年行动计划，实施一大批生物多样性保护修复重大工程，深化国际交流合作，研究支持举办生物多样性国际论坛，依托'一带一路'绿色发展国际联盟，发挥好昆明生物多样性基金作用，向发展中国家提供力所能及的支持和帮助，推动全球生物多样性治理迈上新台阶。万物并育而不相害，道并行而不相悖。让我们共同开启构建地球生命共同体的新篇章，书写人与自然和谐共生的美好画卷。"① 这不仅预示着"一带一路"建设要将绿色贯彻到底的鲜明态度和坚定决心，也成为后续绿色"一带一路"建设的理论指引，使中国在全球生态文明建设中扮演好

---

① 《在〈生物多样性公约〉第十五次缔约方大会第二阶段高级别会议开幕式上的致辞》，《人民日报》2022 年 12 月 16 日。

参与者、贡献者和引领者角色。

第一，以绿色"一带一路"建设推进全球经济绿色转型。打造绿色"一带一路"，将中国和共建"一带一路"国家的经济文化联系打造成世界区域经济绿色转型及升级的发展桥梁。这是新时代中国共建"一带一路"的构想和行动，通过向共建"一带一路"国家提供绿色产品支持——如"绿色金融、绿色基建、绿色能源、绿色交通"等，与共建"一带一路"国家抓住产业结构调整这个关键，实现经济和生态协调统一的共同发展。2022 年 5 月，习近平总书记在《求是》杂志发表文章指出："要发挥发展中大国的引领作用，加强南南合作以及同周边国家的合作，为发展中国家提供力所能及的资金、技术支持，帮助提高环境治理能力，共同打造绿色'一带一路'。要坚持共同但有区别的责任原则、公平原则和各自能力原则，坚定维护多边主义，有效应对一些西方国家对我国进行'规锁'的企图，坚决维护我国发展利益。"①打造绿色"一带一路"是新时代中国深度参与全球生态治理的战略决策及行动，中国正在携手共建"一带一路"国家砥砺前行，建设一个清洁美丽的人类共同家园。

第二，以绿色"一带一路"建设支持共建国家实现可持续发展。可持续发展是解决当前全球性问题的"金钥匙"。而共建"一带一路"国家大多面临经济发展和生态治理不相协调的矛盾，特别是难以实现资源高效利用和绿色低碳发展，这意味着以绿色"一带一路"建设支持共建国家实现可持续发展，既是新时代中国参与共建"一带一路"的重要任务，也是促进全球生态治理的主动作为以及支持生态治理多边主义的扎实行动。2023 年10 月，习近平主席出席第三届"一带一路"国际合作高峰论坛开

---

① 习近平：《努力建设人与自然和谐共生的现代化》，《求是》2022 年第 11 期。

幕式并发表主旨演讲，并宣布："中方将持续深化绿色基建、绿色能源、绿色交通等领域合作，加大对'一带一路'绿色发展国际联盟的支持，继续举办'一带一路'绿色创新大会，建设光伏产业对话交流机制和绿色低碳专家网络。落实'一带一路'绿色投资原则，到 2030 年为伙伴国开展 10 万人次培训。"① 这不仅能够促进共建"一带一路"国家实现可持续发展，而且能够拓宽新时代中国在全球区域政治和经济合作中的发展前景，让中国人民和共建国家人民共享绿色"一带一路"建设的发展成果。

第三，以绿色"一带一路"建设推动构建有亚洲特色的安全治理模式。随着绿色"一带一路"建设逐步向纵深推进，面对未来可能不断出现的新挑战与新问题，中国将继续与共建"一带一路"国家深化彼此的合作伙伴关系，推动共建"一带一路"更高质量、更高水平的新发展，为全球生态文明建设谱写新篇章。因此，未来的"一带一路"建设，不仅"绿色"的内核更为坚实，而且致力于建设一个开放包容、互联互通、共同发展的世界，创造和平、发展、合作、共赢的美好未来。正如习近平主席所指出的：中国携手共建"一带一路"国家打造"绿色丝绸之路"，"推动构建具有亚洲特色的安全治理模式"，携手打造"和平丝绸之路"。② 质言之，和平合作、开放包容、互学互鉴、互利共赢的丝路精神是共建"一带一路"最重要的力量源泉；共建"一带一路"站在了历史正确一边，符合时代进步的逻辑，走的是人间正道。③

---

① 《习近平出席第三届"一带一路"国际合作高峰论坛开幕式并发表主旨演讲》，《人民日报》2023 年 10 月 19 日。

② 《携手共创丝绸之路新辉煌——在乌兹别克斯坦最高会议立法院的演讲》，《人民日报》2016 年 6 月 23 日。

③ 《习近平出席第三届"一带一路"国际合作高峰论坛开幕式并发表主旨演讲》，《人民日报》，2023 年 10 月 19 日。

参考文献

一　经典文献

《马克思恩格斯全集》第 1 卷，人民出版社，1956。

《马克思恩格斯全集》第 3 卷，人民出版社，1960。

《马克思恩格斯全集》第 12 卷，人民出版社，1962。

《马克思恩格斯全集》第 19 卷，人民出版社，1963。

《马克思恩格斯全集》第 20 卷，人民出版社，1971。

《马克思恩格斯全集》第 21 卷，人民出版社，1965。

《马克思恩格斯全集》第 23 卷，人民出版社，1972。

《马克思恩格斯全集》第 42 卷，人民出版社，1979。

《马克思恩格斯全集》第 46 卷上册，人民出版社，1979。

《马克思恩格斯全集》第 47 卷，人民出版社，1979。

《习近平谈治国理政》第 1 卷，外文出版社，2018。

《习近平谈治国理政》第 2 卷，外文出版社，2017。

《习近平谈治国理政》第 3 卷，外文出版社，2020。

《习近平谈治国理政》第 4 卷，外文出版社，2022。

《胡锦涛文选》第 2 卷，人民出版社，2016。

中共中央文献研究室编《十八大以来重要文献选编》（上），中央文献
　　出版社，2014。

中共中央文献研究室编《十八大以来重要文献选编》（中），中央文献
　　出版社，2016。

中共中央党史和文献研究院编《十九大以来重要文献选编》（上），中央文献出版社，2019。

《中共中央关于制定国民经济和社会发展第十四个五年规划和二〇三五年远景目标的建议》，人民出版社，2020。

习近平：《高举中国特色社会主义伟大旗帜 为全面建设社会主义现代化国家而团结奋斗——在中国共产党第二十次全国代表大会上的报告》，人民出版社，2022。

《习近平新时代中国特色社会主义思想三十讲》，学习出版社，2018。

习近平：《决胜全面建成小康社会 夺取新时代中国特色社会主义伟大胜利——在中国共产党第十九次全国代表大会上的报告》，人民出版社，2017。

习近平：《之江新语》，浙江人民出版社，2007。

中共中央文献研究室编《习近平关于社会主义生态文明建设论述摘编》，中央文献出版社，2017。

《习近平总书记系列讲话读本》，人民出版社，2016。

《习近平总书记系列讲话精神学习问答》，中共中央党校出版社，2013。

《习近平关于"三农"工作论述摘编》，中央文献出版社，2019。

《习近平二十国集团领导人杭州峰会讲话选编》，外文出版社，2017。

二 著作、 期刊、 报纸和文件

《每个人是自己健康第一责任人（人民时评）》，《人民日报》2019年8月14日。

《习近平在全国生态环境保护大会上强调 全面推进美丽中国建设 加快推进人与自然和谐共生的现代化》，《人民日报》2023年7月19日。

《谱写农业农村改革发展新的华彩乐章——习近平总书记关于"三农"工作重要论述综述》，《人民日报》2021年9月23日。

《习近平对河北塞罕坝林场建设者感人事迹作出重要指示强调 持之
　　以恒推进生态文明建设 努力形成人与自然和谐发展新格局》，
　　《人民日报》2017 年 8 月 29 日。

《习近平向第六届库布其国际沙漠论坛致贺信》，《人民日报》2017 年
　　7 月 30 日。

《习近平致信祝贺第十九届国际植物学大会开幕》，《人民日报》2017 年
　　7 月 25 日。

《习近平在参加首都义务植树活动时强调 培养热爱自然珍爱生命的
　　生态意识 把造林绿化事业一代接着一代干下去》，《人民日报》
　　2017 年 3 月 30 日。

《携手共创丝绸之路新辉煌——在乌兹别克斯坦最高会议立法院的演
　　讲》，《人民日报》2016 年 6 月 23 日。

《习近平出席联合国气候变化问题领导人工作午餐会》，《人民日报》
　　2015 年 9 月 29 日。

《习近平在华东七省市党委主要负责同志座谈会上强调 抓住机遇
　　立足优势积极作为 系统谋划"十三五"经济社会发展》，《人民
　　日报》2015 年 5 月 29 日。

《生态文明贵阳国际论坛二〇一三年年会开幕——习近平致贺信
　　张高丽出席并发表简短讲话》，《人民日报》2013 年 7 月 21 日。

《习近平在同全国各族少年儿童代表共庆"六一"国际儿童节时
　　强调 让孩子们成长得更好》，《人民日报》2013 年 5 月 31 日。

《习近平看望慰问坚守岗位的一线劳动者》，《人民日报》2013 年
　　2 月 10 日。

《习近平在中共中央政治局第三次集体学习时强调 更好统筹国内
　　国际两个大局 夯实走和平发展道路的基础》，《人民日报》
　　2013 年 1 月 30 日。

《深化团结合作 应对风险挑战 共建更加美好的世界——在 2023 年

金砖国家工商论坛闭幕式上的致辞》，《人民日报》2023 年 8 月
23 日。

《习近平在首个全国生态日之际作出重要指示强调 全社会行动起来
做绿水青山就是金山银山理念的积极传播者和模范践行者 丁薛祥
出席主场活动开幕式并讲话》，《人民日报》2023 年 8 月 16 日。

《习近平在四川考察时强调 推动新时代治蜀兴川再上新台阶 奋力
谱写中国式现代化四川新篇章》，《人民日报》2023 年 7 月 30 日。

《习近平在中央城镇化工作会议上发表的重要讲话》，《中国青年报》
2013 年 12 月 15 日。

《习近平与中国文化遗产保护》，《人民日报》（海外版）2020 年 5 月
19 日。

《国家中长期经济社会发展战略若干重大问题》，《中国民政》2020 年
第 23 期。

《在第七十五届联合国大会一般性辩论上的讲话》，《中华人民共和国
国务院公报》2020 年第 28 期。

《共同构建人与自然生命共同体——在"领导人气候峰会"上的讲话》，
《环境科学与管理》2021 年第 5 期。

《习近平在气候雄心峰会上发表重要讲话》，《中国环境监察》2020 年
第 12 期。

《在湖北省考察新冠肺炎疫情防控工作时的讲话》，《求是》2020 年
第 7 期。

《全面贯彻落实党的十八大精神要突出抓好六个方面工作》，《求是》
2013 年第 1 期。

《推动我国生态文明建设迈上新台阶》，《求是》2019 年第 3 期。

中共中央、国务院：《粤港澳大湾区发展规划纲要》，《中华人民
共和国国务院公报》2019 年第 7 期。

《国务院关于印发全国国土规划纲要（2016—2030 年）的通知》，

《中华人民共和国国务院公报》2017 年第 6 期。

《关于建立国土空间规划体系并监督实施的若干意见》，《人民日报》
　　2019 年 5 月 24 日。

《中国共产党第十九届中央委员会第五次全体会议公报》，《中国人大》
　　2020 年第 21 期。

《关于促进绿色消费的指导意见的通知》，《中华人民共和国国务院
　　公报》2016 年第 16 期。

《关于构建现代环境治理体系的指导意见》，《中华人民共和国国务院
　　公报》2020 年第 8 期。

潘加军、张乐：《我国绿色发展理念的演进与践行》，《湘潭大学
　　学报》（哲学社会科学版）2021 年第 6 期。

琼山：《地球上理想的人类数量是多少》，《支部建设》2020 年
　　第 3 期。

白春礼：《以创新驱动提升山水林田湖草系统治理能力》，《中国绿色
　　时报》2018 年 11 月 2 日。

沈满洪：《大力实施产业生态化战略》，《浙江日报》2010 年 6 月
　　4 日。

〔美〕霍尔姆斯·罗尔斯顿：《环境伦理学——大自然的价值以及
　　人对大自然的义务》，杨通进译，许广明校，中国社会科学
　　出版社，2000。

王肃：《孔子家语》（卷 4），时代文艺出版社，2007。

庄忠正、陆君瑶：《马克思主义生态思想的逻辑构建——基于〈德意志
　　意识形态〉的考察》，《思想教育研究》2021 年第 6 期。

潘岳：《社会主义生态文明》，《学习时报》2006 年 9 月 27 日。

杨伯峻译注：《论语译注》，中华书局，1980。

李雷：《公共艺术与空间生产》，文化艺术出版社，2021。

卢克飞、刘耕源编《生态资源资本化实践路径》，中国环境出版社，

2021。

丁金光、董雯千：《中国何以成为全球生态文明建设引领者》，《中国
　　社会科学报》2021 年 11 月 9 日。

水利部计划司：《认真学习贯彻习近平总书记重要讲话精神 扎实推进
　　南水北调后续工程高质量发展》，《党建》2021 年第 8 期。

三　网络文献

《八、绿水青山就是金山银山——关于大力推进生态文明建设》，中国
　　共产党员网，2014 年 7 月 11 日，http：//theory. people. com.
　　cn/n/2014/0711/c40531 - 25267092. html。

《中国共产党第十九届中央委员会第二次全体会议公报》，中国共产党
　　新闻网，2018 年 1 月 19 日，http：//cpc. people. com. cn/n1/
　　2018/0119/c64094 - 29776109. html。

《工业和信息化部关于印发〈"十四五"工业绿色发展规划〉的通知》，
　　中央政府门户网站，2021 年 12 月 3 日，http：//www. gov. cn/
　　zhengce/zhengceku/2021 - 12/03/content_5655701. htm。

《竭泽而渔，岂不获得，而明年无鱼；焚薮而田，岂不获得，而明年
　　无兽——习近平谈治国理政中的传统文化智慧》，中国共产党员网，
　　2019 年 3 月 6 日，https：//www. 12371. cn/2019/03/06/。

《中共中央 国务院关于加快推进生态文明建设的意见》，中央政府门户
　　网站，2015 年 5 月 5 日，http：//www. gov. cn/xinwen/2015 -
　　05/05/content_2857363. htm。

任勇：《加快构建生态文明体系》，求是网，2018 年 6 月 29 日，http：//
　　www. qstheory. cn/dukan/qs/2018 - 06/29/c_1123054061. htm。

《自然资源部办公厅 财政部办公厅 生态环境部办公厅关于印发〈山水
　　林田湖草生态保护修复工程指南（试行）〉的通知》，自然资源部
　　网站，2020 年 8 月 26 日，https：//www. cgs. gov. cn/tzgg/tzgg/

202009/t20200921_655282. html。

《自然资源部：我国山水林田湖草一体化保护修复取得重要成果》，
　　人民网，2020 年 12 月 17 日，http：//env. people. com. cn/n1/
　　2020/1217/c1010 - 31970029. html。

《国务院关于加快建立健全绿色低碳循环发展经济体系的指导意见》，
　　中央政府门户网站，2021 年 2 月 22 日，http：//www. gov. cn/
　　zhengce/content/2021 - 02/22/content_5588274. htm。

《中华人民共和国国民经济和社会发展第十三个五年规划纲要》，中央
　　政府门户网站，2016 年 3 月 17 日，http：//www. gov. cn/xinwen/
　　2016 - 03/17/content_5054992. htm。

《中华人民共和国国民经济和社会发展第十四个五年规划和 2035 年
　　远景目标纲要》，中央政府门户网站，2021 年 3 月 13 日，http：//
　　www. gov. cn/xinwen/2021 - 03/13/content_5592681. htm。

《邯郸一污染企业被关》，河北 - 今日头条，2015 年 8 月 25 日，http：//
　　news. bjtvnews. com/hebei/2015 - 08 - 25/71952. html。

《广州百年老城区"逆生长"，青砖黛瓦骑楼古巷，满满"回忆杀"》，
　　南方都市报 App·南都原创，2020 年 6 月 15 日，http：//m. mp.
　　oeeee. com/a/BAAFRD000020200615335138. html。

《绽放美丽乡村新活力 河南省推进农村人居环境整治综述》，河南省
　　农业农村厅网站，2020 年 10 月 10 日，https：//nynct. henan.
　　gov. cn/2020/10 - 10/1819863. html。

《中共中央办公厅 国务院办公厅印发〈农村人居环境整治三年行动
　　方案〉》，中央政府门户网站，2018 年 2 月 5 日，http：//www.
　　gov. cn/zhengce/2018 - 02/05/content_5264056. htm？from = 1081
　　093010&wm = 3333_2001&weiboauthoruid = 5000609535。

戴厚良：《深入学习贯彻习近平生态文明思想为建设能源强国贡献
　　力量》，中国共产党新闻网，2022 年 1 月 21 日，http：//theory.

people. com. cn/GB/n1/2022/0121/c40531 – 32336429. html。

《国家能源局：农村用电条件提升 用能方式深刻变革》，光明网，2020 年 10 月 20 日，https：//m. gmw. cn/baijia/2020 – 10/20/1301694651. html。

《全民践行绿色低碳行动 助力实现碳达峰碳中和目标》，中华人民共和国国家发展和改革委员会网站，2021 年 11 月 15 日，https：//www. ndrc. gov. cn/fggz/fgzy/xmtjd/202111/t20211122_ 1304610. html。

《国务院印发〈2030 年前碳达峰行动方案〉》，证券日报网，2021 年 10 月 27 日，http：//www. zqrb. cn/finance/zhongyaoxinwen/2021 – 10 – 27/A1635262657366. html。

《协同联动打赢蓝天保卫战——大气治理北京实践系列报道之二》，北京市人民政府官网，2021 年 1 月 11 日，http：//www. beijing. gov. cn/ywdt/gzdt/202101/t20210111_2210637. html。

《【地评线】江右时评：守护秦岭生态，党员干部责无旁贷》，光明网，2020 年 4 月 22 日，https：//m. gmw. cn/baijia/2020 – 04/22/33761460. html。

《如何从政策的角度梳理生态文明建设》，搜狐网，2018 年 11 月 5 日，https：//www. sohu. com/a/273443329_748672。

《海南接连发文明确提出实行生态环境损害责任终身追究制》，搜狐网，2016 年 6 月 24 日，http：//news. sohu. com/a/76836861_ 120078003。

《国新办就 2021 年生态文明贵阳国际论坛有关情况举行发布会》，贵州省发展和改革委员会官网，2021 年 7 月 7 日，http：//fgw. guizhou. gov. cn/jdhy/xwfb/202107/t20210707_ 68940868_ mobile. html。

《国务院先后亮四类国有资产家底，自然资源资产为何安排在最后？》，新京报，2021 年 11 月 10 日，https：//www. bjnews. com. cn/detail/

163653596514320. html。

《永定公安开展"昆仑2021"百日攻坚 严打破坏生态环境、捕猎野生动物违法犯罪》，百度百家号，2021 年 11 月 12 日，https：//baijia hao. baidu. com/s？id＝1716206067515887619&wfr＝spider&for＝pc。

《建设"无废城市" 让生态绿色成为上海亮丽底色》，上海人大，2021 年 11 月 9 日，http：//www. spcsc. sh. cn/n8347/n8483/u1ai2399 56_ K523. html。

《肇庆以生态文明为引领 倡扬共建绿色低碳文明生活方式》，搜狐网，2019 年 1 月 3 日，https：//www. sohu. com/a/286472783_ 10 0010144。

《安远新龙乡小孔田村荣获"省级共青团生态文明示范村"称号》，中国江西网，2018 年 3 月 20 日，https：//jxgz. jxnews. com. cn/system/2018/03/20/016813499. shtml。

《浙江安吉少先队员争当"绿色环保小先锋"》，未来网，2020 年 8 月 17 日，http：//jjh. k618. cn/dwlb/202008/t20200817_ 18061936. htm。

《工业绿色转型升级 打造"无废城市"的包头样板》，内蒙古新闻网，2020 年 9 月 2 日，http：//inews. nmgnews. com. cn/system/2020/09/02/012972148. shtml。

《国务院：鼓励设立混合所有制公司，打造一批大型绿色产业集团》，百度百家号，2021 年 2 月 22 日，https：//baijiahao. baidu. com/s?id＝1692387785835642716&wfr＝spider&for＝pc。

《河北永清：鱼菜共生助力农业绿色发展》，长城网，2021 年 11 月 18 日，http：//lf. hebei. com. cn/system/2021/11/15/100814355. shtml。

《运鸿集团坚持绿色创新持续开发服务于社会的好产品》，百度百家号，2022 年 8 月 25 日，https：//baijiahao. baidu. com/s？id＝

1742121725897217501&wfr = spider&for = pc。

《陕西毛乌素沙地万人植树添绿 共护绿水青山》，百度百家号，2021 年
4 月 9 日，https：//baijiahao. baidu. com/s？ id = 169653272389
2724341&wfr = spider&for = pc。

《新疆兵团第一师阿拉尔市沙漠边缘植树造林筑"绿色长城"》，中国
新闻网，2021 年 11 月 5 日，https：//www. chinanews. com. cn/
sh/2021/11 − 05/9603093. shtml。

图书在版编目（CIP）数据

　　新时代生态文明建设理论与实践／李珍，龙其鑫编
著. -- 北京：社会科学文献出版社，2024.4
　　ISBN 978 - 7 - 5228 - 3523 - 5

　　Ⅰ. ①新…　Ⅱ. ①李…②龙…　Ⅲ. ①生态环境建设
- 研究 - 中国　Ⅳ. ①X321.2

　　中国国家版本馆 CIP 数据核字（2024）第 080086 号

新时代生态文明建设理论与实践

编　　著／李　珍　龙其鑫

出 版 人／冀祥德
责任编辑／仇　扬
文稿编辑／胡金鑫
责任印制／王京美

出　　版／社会科学文献出版社·文化传媒分社（010）59367004
　　　　　地址：北京市北三环中路甲29号院华龙大厦　邮编：100029
　　　　　网址：www. ssap. com. cn
发　　行／社会科学文献出版社（010）59367028
印　　装／三河市尚艺印装有限公司

规　　格／开　本：787mm×1092mm　1/16
　　　　　印　张：14.5　字　数：187千字
版　　次／2024年4月第1版　2024年4月第1次印刷
书　　号／ISBN 978 - 7 - 5228 - 3523 - 5
定　　价／89.00元

读者服务电话：4008918866